国防科技图书出版基金

定向凝固高温合金的再结晶

Recrystallization of Directionally Solidified Superalloy

（第2版）

陶春虎　张兵　张卫方　施惠基　张宗林　著

国防工业出版社

·北京·

图书在版编目(CIP)数据

定向凝固高温合金的再结晶/陶春虎等著. —2 版.
—北京:国防工业出版社,2014.9
ISBN 978 - 7 - 118 - 09536 - 4

Ⅰ.①定…　Ⅱ.①陶…　Ⅲ.①定向凝固 - 耐热

合金 - 再结晶　Ⅳ.①TG111.7

中国版本图书馆 CIP 数据核字(2014)第 210114 号

※

国防工业出版社出版发行

(北京市海淀区紫竹院南路 23 号　邮政编码 100048)
北京嘉恒彩色印刷有限责任公司
新华书店经售

*

开本 710×1000　1/16　印张 14¼　字数 250 千字
2014 年 9 月第 2 版第 1 次印刷　印数 1—2500 册　定价 68.00 元

(本书如有印装错误,我社负责调换)

国防书店:(010)88540777　　发行邮购:(010)88540776
发行传真:(010)88540755　　发行业务:(010)88540717

致 读 者

本书由国防科技图书出版基金资助出版。

国防科技图书出版工作是国防科技事业的一个重要方面。优秀的国防科技图书既是国防科技成果的一部分,又是国防科技水平的重要标志。为了促进国防科技和武器装备建设事业的发展,加强社会主义物质文明和精神文明建设,培养优秀科技人才,确保国防科技优秀图书的出版,原国防科工委于1988年初决定每年拨出专款,设立国防科技图书出版基金,成立评审委员会,扶持、审定出版国防科技优秀图书。

国防科技图书出版基金资助的对象是:

1. 在国防科学技术领域中,学术水平高,内容有创见,在学科上居领先地位的基础科学理论图书;在工程技术理论方面有突破的应用科学专著。

2. 学术思想新颖,内容具体、实用,对国防科技和武器装备发展具有较大推动作用的专著;密切结合国防现代化和武器装备现代化需要的高新技术内容的专著。

3. 有重要发展前景和有重大开拓使用价值,密切结合国防现代化和武器装备现代化需要的新工艺、新材料内容的专著。

4. 填补目前我国科技领域空白并具有军事应用前景的薄弱学科和边缘学科的科技图书。

国防科技图书出版基金评审委员会在总装备部的领导下开展工作,负责掌握出版基金的使用方向,评审受理的图书选题,决定资助的图书选题和资助金额,以及决定中断或取消资助等。经评审给予资助的图书,由总装备部国防工业出版社列选出版。

国防科技事业已经取得了举世瞩目的成就。国防科技图书承担着记载和弘扬这些成就,积累和传播科技知识的使命。在改革开放的新形势下,原国防科工委率先设立出版基金,扶持出版科技图书,这是一项具有深远意义的创举。此举势必促使国防科技图书的出版随着国防科技事业的发展更加兴旺。

设立出版基金是一件新生事物,是对出版工作的一项改革。因而,评审工作需要不断地摸索、认真地总结和及时地改进,这样,才能使有限的基金发挥出巨大的效能。评审工作更需要国防科技和武器装备建设战线广大科技工作者、专家、教授,以及社会各界朋友的热情支持。

　　让我们携起手来,为祖国昌盛、科技腾飞、出版繁荣而共同奋斗!

国防科技图书出版基金

评审委员会

前　言

定向凝固和单晶高温合金是现代航空燃气涡轮、舰艇燃气涡轮、火箭发动机以及地面燃气轮机叶片的关键材料,其安全可靠使用直接影响国防武器装备的功能与可靠性。1999 年,某型发动机用的定向凝固高温合金涡轮叶片发生了多起叶片叶身裂纹和断裂故障,造成了大量发动机返厂检修和飞机停飞。研究结果表明,这些故障主要和再结晶有关,再结晶削弱了定向凝固高温合金涡轮叶片的持久性能及热疲劳抗力等,加速了裂纹的萌生,从而严重降低了叶片的使用可靠性。

鉴于定向凝固和单晶高温合金在国防武器装备上的重要性以及国内外对定向凝固和单晶高温合金再结晶,尤其是对叶片工程应用中出现的再结晶的研究尚未有系统的报道,本书作者在对叶片故障分析及定向凝固和单晶高温合金再结晶及其预防研究的基础上,撰写了这本关于定向凝固和单晶高温合金再结晶的书籍。

本书第 1 版出版前,单晶高温合金在国内应用较少,对于单晶高温合金再结晶的研究很少,因此第 1 版中关于单晶高温合金再结晶的内容很少。近年来,随着单晶高温合金逐渐得到广泛应用,再结晶所引发的失效案例也逐渐增多,单晶高温合金再结晶问题日益受到重视。因此,本次修订版在第 1 版的基础上增加了近年来对于单晶高温合金再结晶的研究成果。主要新增内容如下:① 在第 1 版的基础上新增了两章内容:第 5 章"再结晶对单晶高温合金性能的影响"和第 10 章"定向凝固和单晶高温合金再结晶的抑制方法",全书由第 1 版的 9 章增加到 11 章;② 第 1 章"概论"中增加了单晶高温合金的发展、应用和常见缺陷等方面的内容;第 3 章"定向凝固和单晶高温合金再结晶的主要影响因素"中增加了第二相粒子、变形程度、热处理温度、变形温度和热处理气氛对单晶高温合金再结晶的影响等内容;第 8 章"定向凝固和单晶高温合金的动态再结晶"中增加了单晶高温合金动态再结晶方面的研究成果;第 11 章"定向凝固和单晶高温合金再结晶的检测与控制"中增加了单晶高温合金再结晶的检测方法与控制标准方面的内容。

本书共分 11 章。第 1 章简要介绍了定向凝固和单晶高温合金的技术发展、基本特点、常见缺陷和发展前景。第 2 章和第 3 章在简要介绍变形金属再结晶基本概念的基础上,从工程实践角度出发,重点阐述了定向凝固和单晶高温合金再结晶温度的定义、再结晶的产生条件、基本特点以及主要影响因素。第4章和第5章分别介绍了再结晶对定向凝固和单晶高温合金持久、疲劳等力学性能的影响。第6章和第7章分别介绍了含再结晶层定向凝固高温合金的损伤行为模拟分析以及再结晶对定向凝固高温合金叶片损伤行为影响的计算机模拟。第8章介绍了有关定向凝固和单晶高温合金动态再结晶的基本概念及其一些研究进展。第9章以工程上再结晶引发的定向凝固合金叶片疲劳断裂故障为例,详细介绍了含再结晶层的定向凝固高温合金叶片的疲劳断裂特征,并探讨了定向凝固高温合金叶片再结晶损伤的物理本质。第10章主要介绍了国内外有关定向凝固和单晶高温合金再结晶抑制方法的研究进展。第11章则从定向凝固和单晶高温合金工程应用和再结晶的预防检测角度出发,重点介绍了再结晶的金相检测、X射线衍射、无损检测等技术,并介绍了定向凝固和单晶高温合金叶片中再结晶的检测与控制标准。

　　本书第1章由陶春虎和孙传棋撰稿,第2章由陶春虎撰稿,第3章由张卫方和张兵撰稿,第4章由张卫方撰稿,第5章由张兵撰稿,第6章由施惠基和梅海霞撰稿,第7章由聂景旭和李海燕撰稿,第8章由李运菊和张兵撰稿,第9章和第11章由陶春虎和张宗林撰稿,第10章由张兵撰稿。全书由陶春虎、张兵统稿,孙传棋对全书进行了审定。李运菊、张海风、李伟和梁菁参加了第4章和第11章的撰稿工作。

　　本书是集体智慧的结晶,凝聚着上百名科研人员长达八年多的研究成果。钟群鹏院士和才鸿运院士对本书的第1版和第2版均给予了很高的评价。作者向为本书出版做出贡献的所有科技工作者致以衷心的感谢。愿本书的出版能对我国定向凝固和单晶高温合金叶片的设计、制造、检测、维修和使用安全可靠性的提高起到积极的推动作用。

　　由于作者水平的限制以及国内外有关资料的欠缺,本书的缺点、错误在所难免,恳请读者提出批评指正。

作 者
2014.4.1

目　录

Contents

第1章 概　论

1.1　高温合金的概念与分类

数百年前,人们从观察上升的热气球开始,明白了有用功的效率与高温的利用有关,于是在热力学的基础上产生了Brayton循环,其基本物理原理是,工作温度越高(伴随较低的热损失),效率越高[1]。

依据这一原理,机械设计者清楚地认识到,航空发动机发展的最迫切任务之一就是提高燃气涡轮发动机的工作性能,即首先是提高涡轮前的燃气温度,它决定了航空发动机的有效功率。如推力为35kN的涡轮喷气发动机,若燃气温度从1200℃提高到1350℃,则其单位推力可提高15%,而耗油率可降低8%。要提高涡轮前的燃气温度,就需要新的耐高温材料。可以说,高温合金,尤其是定向凝固与单晶高温合金的发展就是为了满足航空发动机性能不断提高的需求。图1-1给出了发动机涡轮前温度提高后涡轮叶片结构材料的变化情况,图1-2为发动机提高燃油效率、降低油耗与涡轮叶片发展的趋势。

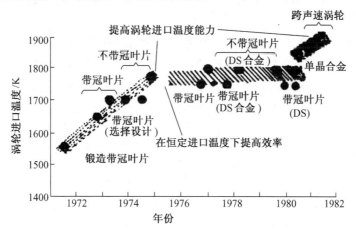

图1-1　发动机涡轮前温度提高与涡轮叶片材料的变化情况[2]

然而,高温合金与其他合金之间很难划出明确的界限,Sims所给出的定义也许是较为合适的[1]:"高温合金通常是以第Ⅷ主族元素为基,为在承受相当严酷的机械应力和常常要求具有良好表面稳定性的环境下进行高温服役而研制的一

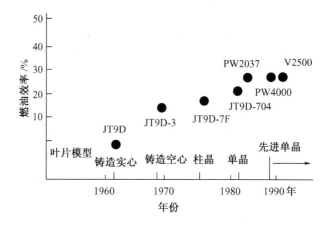

图1-2　发动机提高燃油效率、降低油耗与涡轮叶片的发展[2]

种合金"。

按主元素分类,高温合金基本上可分为镍基高温合金、钴基高温合金和铁基高温合金。此外,还有一个主要分支,其冶金学特点类似镍基合金,但含有相当多的铁元素,称为镍-铁基高温合金。

按成型工艺分类,高温合金基本上可分为铸造高温合金和变形高温合金两大类。近年来则发展了粉末冶金、喷射成型等新工艺。

1.2　定向凝固和单晶高温合金的技术发展

高温合金的迅速发展经历了三个明显不同的时代[1],如图1-3所示。即20世纪40年代以来在空气中熔炼生产的低强度高温合金、70年代用真空熔炼解决了高体积百分比 γ′相强化的较高强度的高温合金和当代具有各向异性宏观组织与性

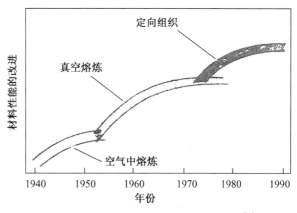

图1-3　高温合金迅速发展的三个时代[1]

能的高强度定向凝固高温合金。

定向凝固高温合金的研究是从 20 世纪 60 年代初 Versnyder 等人[3]在美国普惠(PWA)发动机公司的工作开始的。定向凝固技术经历了功率降低法(PD)、高速凝固法(HRS)和液体金属冷却法(LMC)三个重要阶段,凝固界面前沿温度梯度由 PD 法的 10℃/cm 提高到 LMC 法的 100℃/cm 以上,其定向凝固工艺也日渐成熟。通过定向凝固技术可提高合金使用温度 10～50℃,从而提高涡轮进口温度 20～60℃。

20 世纪 60 年代开始研究定向凝固高温合金时,并未从成分设计入手,仅将同成分的等轴晶材料改变结晶方式,如 PWA 发动机公司将 Mar－M200 合金经定向凝固后称之为 PWA664。随着精铸叶片空冷技术的提高,将定向凝固高温合金用于薄壁复杂型芯空心叶片时,遇到严重的晶界开裂问题。PWA 公司为了改善合金的可铸性,向传统的等轴晶合金中加入铪(Hf),获得了良好的效果。Mar－M200＋Hf 合金定名为 PWA1422 合金。定向凝固高温合金中大都含有不同程度的铪。铪改善可铸性的作用机理之一被认为是铪的加入导致了($\gamma+\gamma'$)共晶的增加和 Ni_5Hf 低熔点相的形成,它们在凝固中连成通道,由于凝固温度范围较宽,当铸件收缩受阻时,尤其对空心叶片,在内外应力作用下,就会起到应力松弛和液晶毛细补缩的作用[4]。

尽管铪含量高达 2% 可使 Mar－M200 合金的抗晶界开裂性能得到明显改善,但铪加入形成的($\gamma+\gamma'$)共晶和低熔点相使合金的初熔温度下降,显著降低了合金的高温蠕变强度。另外,铪与氧的亲和力很强,弥散的 HfO 密度与高温合金很接近,所以很难对返回料进行简便回收使用,加之由于铪元素稀有昂贵而提高了合金的成本。

我国是从 20 世纪 70 年代初开始研究定向凝固高温合金的。80 年代开始,我国学者深入分析了定向凝固高温合金热裂产生的原因,突破了国际上定向凝固高温合金均含铪的传统理论,提出了定向凝固高温合金设计的新观点,即在组织中消除共晶,使合金在窄的有效结晶温度 ΔT_1 范围内完成凝固,从而改善其可铸性。根据这一思想,创造性地设计研制成功了不含铪、铸造工艺性好、密度小、强度高和成本低廉的定向凝固 DZ4 新型高温合金[4-6],并得到了广泛的工程应用,成为我国航空发动机上得到大量工程应用的定向凝固高温合金之一。同时,我国亦开发研制了 DZ22、DZ125 等含铪和 DZ125L 等不含铪的定向凝固高温合金,均具有很高的持久性能和良好的疲劳抗力,在一些指标上达到了国际先进水平,且在一些型号的航空发动机和地面燃机上得以应用。

单晶铸造技术是 PWA 公司在 60 年代中期首创的。当时由于对单晶高温合金叶片使用传统的热处理,因而并未在蠕变强度、热疲劳强度和抗氧化方面明显超过含铪的定向凝固高温合金,在研制涡轮叶片方面意义不大,未能立即进入工程应用。单晶高温合金的蠕变强度受细小的 γ′ 相体积分数的控制,而最大限度提高 γ′ 体积分数的关键是提高单晶高温合金的初熔温度和固溶热处理温度。约在 1975 年,PWA 公司研究发现,去除晶界强化元素(B、Hf、Zr 和 C)可导致合金初熔温度显著提高,采用大于1260℃的固溶温度处理可获得最大量的 γ′ 相析出。与广泛使用的定向凝固 PWA1422 相比,单晶高温合金 PWA1480 的耐温能力以蠕变1%的时间为单位提高了 25～50℃。从此单晶高温合金的研制受到极大的重视。1982 年以后,单晶高温合金 PWA1480 作为涡轮叶片材料而大量应用。

与定向凝固高温合金相比,第一代单晶高温合金在化学成分设计和控制方面有如下特点:

(1)减少或去除晶界强化元素(B、Hf、Zr 和 C),以获得很高的初熔温度。

(2)以 Ta 部分替代 W(CMSX - 2 合金含质量分数为6%的 Ta),以获得较好的单晶铸造性能、高 γ′ 相体积分数(68%)、微观结构的稳定性(避免出现 α - W 和富 W、Mo 的 μ 相)、良好的抗氧化性和涂层稳定性。

(3)加入 Co 元素,以提高固溶度和微观结构的稳定性。

(4)化学成分设计力求平衡,以实现宽而实际的固溶热处理温度范围,即 γ′ 溶解度曲线与初熔温度之间的差值至少在22℃以上。

(5)通过相分计算控制合金的化学成分,以避免有害的拓扑密堆相(TCP)的产生。

第一代单晶高温合金发展的后期,相应提高了合金中的 Ti 含量以降低合金的密度,如 CMSX - 6 合金的 Ti 含量达4.7%,RR2000 合金的 Ti 含量为4%,而不含重金属铼(Re)。

20 世纪80 年代中期,第二代单晶高温合金得以发展,典型代表是 PWA1484 和 CMSX - 4 合金。第二代单金高温合金大都添加了约3%(质量分数)的强化元素 Re。Re 不仅能防止单晶高温合金的 γ′ 相粗化,在固溶体中孤立存在的溶质原子能更有效地阻碍位错运动。同时,第二代单晶高温合金适当加入了 C、B、Hf 等晶界强化元素,并适当降低了 Cr 的含量。第二代单晶高温合金比第一代单晶高温合金耐热力提高30℃左右。

第三代单晶高温合金的研究始于20 世纪90 年代初期,典型代表为 CMSX - 10 和 RenéN6 合金,耐热能力较第二代单晶高温合金提高了约30℃。第三代单晶高温合金更多地加入了 Re 元素,其含量达到5%(质量分数)以上,同时大幅度降低了 Cr 含量。

继第三代单晶高温合金之后,2000 年由 Snecma 和 Turbomeca 发展了第四代单晶高温合金 MC - NG,其主要合金特征是含有 Re 和 Ru[5-9]。第四代单晶高温合金在热强性能、疲劳抗力、抗氧化和抗腐蚀性能以及组织稳定性方面均有明显提高,有望不久在航空发动机和地面燃机上得以应用。

在国外单晶高温合金的研究和应用处于蓬勃发展的三十多年间,我国也对单晶高温合金及其工艺进行了广泛的研究,研制成功一系列单晶高温合金,并初步获得应用。我国自 80 年代开始发展第一代单晶高温合金,先后研制成功 DD3、DD4(美国相近牌号 RenéN4)、DD8、DD402(美国相近牌号 CMSX – 2)、DD407(法国相近牌号 AM3)等合金。DD3 是我国自主研制成功的第一代镍基单晶高温合金,不含贵重元素 Ta、Re,成本较低,中、高温性能良好,力学性能与国外第一代单晶高温合金 PWA1480 相当,适于制作 1040℃ 以下工作的涡轮转子叶片和 1100℃ 以下工作的导向叶片。DD8 为高铬型镍基单晶高温合金,具有良好的综合性能,组织稳定性好,可长时间在氧化气氛和热腐蚀环境下工作,适于制作 1000℃ 以下工作的沿海用飞机发动机涡轮叶片和舰艇燃气轮机涡轮叶片。DD402 合金具有高的蠕变强度和抗疲劳性能,并有良好的铸造性能、较宽的固溶处理温度范围、良好的组织稳定性、环境性能和涂层性能,适于制作 1050℃ 以下工作的涡轮转子叶片及其他高温部件。

我国自 90 年代中期开始研制第二代单晶高温合金,先后发展了 DD6、DD98、DD32(俄罗斯相近牌号 ЖС32)、DD5(美国相近牌号 RenéN5)。DD6 和 DD98 是我国自主研制成功的第二代镍基单晶高温合金,DD6 合金具有高温强度高、综合性能好、组织稳定及制造工艺性能好等优点,且因其含 Re 量低而具有低成本的优势,适于制作 1100℃ 以下工作的具有复杂内腔的涡轮转子叶片与 1150℃ 以下工作的导向叶片。DD98 合金最大特点是无 Re,成本低,可用于制作 1100℃ 以下工作的涡轮转子叶片。

我国对第三代单晶高温合金的研制开始于 21 世纪初,先后发展了 DD9、DD90等合金。DD9 合金综合性能优良,持久性能与 CMSX – 10 等合金相当。

纵观单晶高温合金的发展,在材料成分方面具有如下特点:

(1) 显著降低 Cr 含量,从第一代单晶高温合金中约 9%(质量分数)的含量降低到第三、四代单晶高温合金 5%(质量分数)左右,其中 CMSX – 10 合金中 Cr 含量只有 3%(质量分数)左右,Cr 含量的降低与 Ta 和 Re 含量的增加与现代使用的定向凝固和单晶高温合金叶片均采用高性能涂层有关,保证了使用中的腐蚀抗力。

(2) 不同程度地降低了 Ti 含量,以提高合金的可铸性。

(3) 再度使用了 C、B、Hf 等晶界强化元素,以提高小角度晶界或亚晶界的抗力。

(4) 降低 W、Mo 含量,不仅适当限制 μ 相的形成,而且避免腐蚀抗力的下降。

(5) 适当加入稀土元素和铂族元素。

在铸造工艺上,高温度梯度定向凝固炉的使用,对单晶高温合金综合性能的提高起到了很大的作用。德国 LH 公司制造的高温度梯度定向炉,其温度梯度可达 80～100℃/cm,采用一次性软质坩埚和先进的自动底注工艺,显著提高了单晶叶片的洁净度,大大降低了废品率。表 1-1 给出了较低温度梯度(LG)和高温度梯度(HG)对 CMSX-2 单晶高温合金组织与性能的影响。

表 1-1　温度梯度对 CMSX-2 单晶高温合金组织与性能的影响

温度梯度			LG(50℃/cm)	HG(250℃/cm)
性能	持久寿命/h	760℃/750MPa	711	1048
		1050℃/139MPa	238	269
	870℃疲劳	疲劳极限/MPa	500	700
组织	一次枝晶间距/μm		350～500	160
	显微疏松/%		1.3～0.5	<0.1

近年来,人们采用了先进的陶瓷型芯工艺,精铸出了具有复杂型腔的单晶高温合金无余量叶片。

1.3　定向凝固和单晶高温合金的基本特点

航空发动机的涡轮转子叶片,是将喷嘴排出的热燃气的动能转换成驱动压缩机和加载装置的机械能。由于高速旋转,叶片受到较大的离心力作用,作用在叶片中部单位质量的离心力是其自重的 13000～90000 倍,在温度和应力的联合作用下,蠕变疲劳交互作用成为先进航空发动机叶片设计应考虑的问题。同时,由于叶片与旋转的涡轮盘一起运动,作用在叶片上的力发生周期性的变化,叶片可产生高周疲劳损伤。在叶片整个工作温度范围内,要从根本上消除这种高频激振力是不可能的,设计上只能避免最为危险的共振破坏。另外,航空发动机,尤其是军用飞机用航空发动机,需要以更高的速率升温及冷却,这种温差将导致热机械疲劳。对普通铸造叶片而言,等轴晶叶片中的晶界通常是薄弱环节,离心力、振动以及热机械疲劳三种损伤模式很容易沿晶界起始。因此人们致力于消除垂直于加载方向的晶界的研究,并实现晶粒的择优取向。

1960 年,美国 PWA 公司开始了定向凝固高温合金的研究,Versnyder 发现,将晶界定向排列并平行于应力主轴方向后,由于与应力轴垂直的横向晶界的消除,裂纹萌生及扩展变得困难,从而提高了合金的蠕变持久寿命。定向凝固高温合金通常是每个晶粒的 <001> 取向与其应力轴平行。对定向凝固工艺略加改进,就能用于生产无晶界的单晶高温合金。

由于定向凝固的柱状晶宏观上消除了横向晶界和单晶高温合金消除了晶界,

使晶粒择优方向成长,改变了叶片的受力条件,改善了合金强度和塑性,提高了抗热疲劳性能,使铸造高温合金进入了新的阶段。从 20 世纪 70 年代开始,定向凝固和单晶高温合金在国外先进发动机上迅速得到应用。我国在 80 年代初期创造性地设计研制的定向凝固新型高温合金 DZ4 得到了广泛的工程应用,已有 10 万余片叶片在航空发动机以及地面燃气发电机上使用。定向凝固 DZ125 合金、单晶 DD6 合金也都在先进航空发动机上得以应用。

定向凝固和单晶高温合金及其叶片具有如下特点:

(1) 在垂直于主应力轴的方向上消除了晶界,持久强度高。定向凝固和单晶高温合金作为现代发动机涡轮转子叶片得以广泛应用,其主要原因在于消除了垂直于应力轴方向的横向晶界,使晶界不再成为断裂的萌生源;同时,定向凝固工艺产生了平行于凝固方向的择优低模量〈001〉取向,而使热疲劳抗力明显提高。

(2) 铸造疏松易于控制。由于顺序凝固,在整个定向凝固过程中,相当于有一个液相压头来不断补充凝固收缩。因此,相对普通铸造而言,定向凝固叶片中的铸造疏松不太严重,疏松尺寸和数量都比普通铸造高温合金要好。如以铸造 K403 合金为基础开发的定向凝固 DZ4 高温合金,其疏松的尺寸控制较 K403 合金提高了一个级别。

(3) 振动阻尼效果好。振动阻尼效果好的原因可归因于弹性模量低,且在叶片不同方向上有不同的弹性模量,即弹性模量上的各向异性使叶片具有良好的振动阻尼效果。同时,柱状晶、枝晶以及枝晶间细观甚至宏观单元及其构造的有机结合对控制振动具有良好的效果,如同抗地震一样,刚柔相结合的地壳结构具有较好的抗振性能。

(4) 不存在物理意义上的低周疲劳损伤。物理意义上的低周疲劳是指以塑性损伤为主的疲劳过程。在 $\lg\Delta\varepsilon_{T/2} \sim \lg N_f$ 曲线上,高、低周疲劳的主要界定取决于 $\Delta\varepsilon_e$ 和 $\Delta\varepsilon_p$ 的相对比例。在低周疲劳范围内,$\Delta\varepsilon_p$ 起主导作用。$\Delta\varepsilon_e$ 和 $\Delta\varepsilon_p$ 在双对数坐标上与疲劳寿命的关系均近似为直线。由于这两条直线斜率明显不同,故存在一交点,该交点所对应的疲劳寿命 N_t 称为过渡疲劳寿命。但对定向凝固和单晶高温合金而言,过渡疲劳寿命大多在 10^2 数量级循环范围内,即几乎不存在具有工程意义的过渡疲劳寿命。这是由于铸造高温合金的弹性模量较低,而定向凝固和单晶高温合金纵向上弹性模量要低于普通铸造高温合金 30% 左右。

弹性模量的高低直接关系着材料受外载时抗弹性变形的能力,即在相同的外力作用下,弹性模量低的材料所产生的弹性变形量大。在相同的总应变范围内,定向凝固高温合金低的弹性模量造成合金在变形中弹性变形始终处于主导地位,合金的疲劳基本上呈应力疲劳性质,对疲劳寿命的贡献主要取决于材料的强度,因此高强度性能对提高疲劳寿命非常有利。

（5）薄壁效应小。定向凝固和单晶高温合金的另一特点就是零件的薄壁效应小。Harrison[10]在对 MAR－M246 合金进行普通铸造、定向凝固以及单晶高温合金三种状态的蠕变试验时发现,试样尺寸对断裂影响很大,试样直径在 2.2 ~ 6.4mm 范围内,普通精铸的横截面积减小 1/2,则它的断裂时间减少 1/3;反之,定向凝固或单晶的同型合金的横截面积减小 1/2,则它的断裂时间减少 1/8。

定向凝固和单晶高温合金的上述优点,在一些情况下就成为缺点:

（1）铸造工艺要求高,再结晶危害大。定向凝固和单晶高温合金的凝固工艺基本相同,均是使凝固在一个受控的温度梯度下进行。单晶铸造工艺还需要一个"选晶器或晶种器",使之形成一个晶粒。因此定向凝固和单晶叶片的铸造工艺相对于普通铸造难度大。

由于定向凝固和单晶高温合金晶界强化元素少,因而任何含有与应力轴相垂直的晶界及缺陷,例如雀斑和再结晶晶粒,都是很危险的。对于铸造高温合金而言,再结晶对持久性能的危害性程度从大到小依此为:单晶高温合金、定向凝固高温合金和普通铸造高温合金。

（2）弹性变形量和滞弹性大。由于定向凝固高温合金叶片纵向弹性模量较等轴晶叶片下降约 30%,使其具有较好的振动阻尼效果,但叶片的伸长量明显增大。对等轴晶高温合金:$\varepsilon_e = \sigma_e / E_e$;对定向凝固高温合金:$\varepsilon_z = \sigma_e / E_z = \sigma_e / 0.7 E_e = 1.43 \varepsilon_e$;即定向凝固高温合金叶片的弹性伸长量较普通铸造高温合金增大了 43%。同时由于柱状晶、枝晶以及枝晶间细观甚至宏观单元的差异,叶片宏观上处于弹性变形时,枝晶间可能已发生了塑性变形,使得定向凝固高温合金的滞弹性较大。因此,在叶片由普通铸造高温合金改为定向凝固或单晶高温合金时,在设计上要重新考虑涡轮叶片与涡轮环的间隙。

（3）抗扭转性能下降。定向凝固叶片的抗扭转性能差是不言而喻的,在发动机叶片设计中应充分考虑到这一点。定向凝固高温合金的抗扭转性能与各向异性尤其是横纵向性能之比有关。如某地面燃机涡轮叶片的断裂,就是首先沿叶片进气边形成垂直晶界的横向裂纹,横向裂纹扩展到一定长度,则发生沿晶界即叶片的纵向断裂。

定向凝固高温合金的研究包括合金设计、定向凝固工艺、热处理与微观组织以及力学性能与使用行为。

1. 合金设计

早期的定向凝固高温合金仅仅是将成熟的普通铸造高温合金在工艺上实现定向凝固。由于工艺的不同,普通铸造高温合金实现定向凝固后,横向晶界的开裂现象很难避免。因此适应于定向凝固工艺的新型定向凝固和单晶高温合金应运而生。从前面介绍的定向凝固与单晶高温合金的发展特征来看,定向凝固与单晶高温合金研究的首要对象,就是设计既与凝固工艺相适应,又具有优异综合性能的合金。

2. 定向凝固工艺

定向凝固工艺研究包括定向凝固的基本理论、定向凝固热流控制分布及其影响因素、定向凝固工艺和设备、定向凝固铸造缺陷控制及其计算机模拟技术等。特别是零件,如具有复杂形状的涡轮叶片的定向凝固工艺等均应包含在内。

3. 热处理与微观组织

高温合金通常采用三种类型的热处理,即固溶热处理、涂层热处理和时效热处理。热处理研究的目的是,针对具体的合金和涂层,获得最佳显微组织和良好综合性能的热处理制度。微观组织研究不仅包括对合金相组成,如 γ' 相、碳化物、硼化物、TCP 相等的含量、形态及其分布的研究,而且包括组织稳定性的研究。

4. 力学性能与使用行为

定向凝固和单晶高温合金有很多优点,如在受力方向不存在晶界,振动阻尼效果好。定向凝固和单晶高温合金属宏观各向异性非均质材料,含有特定的细观结构,材料细观单元及其构造的动力学演化控制了材料的力学损伤破坏过程,从而构成了材料不同区域的不同强度和韧性。因此对这种具有各向异性材料的力学性能表征与评价技术需要进行特殊的分析与研究。同时,如同其他技术一样,没有挫折和失败,就不会有高温合金和铸造工艺等研究的迅猛发展和进步。因此,分析定向凝固高温合金在研制和使用过程出现的问题与失效,有助于进一步提高定向凝固和单晶高温合金的研制与应用水平,如20世纪60年代定向凝固高温合金铸造裂纹问题,以及我国近年来对定向凝固高温合金工程应用中再结晶问题的研究。同时,对不可避免的再结晶问题,既要研究其控制和评估标准、无损检测等问题,也要研究带有涂层和薄层再结晶的定向凝固及单晶高温合金叶片的这样多体系的损伤模型及其规律。

1.4　定向凝固和单晶高温合金的应用

定向凝固与单晶高温合金主要用于发动机的关键部件,如涡轮转子叶片、导向叶片和正在研制的高性能涡轮盘。据统计,从1975年到1990年的15年间,航空发动机的涡轮前温度提高了278℃,其中一半原因归因于发动机涡轮叶片和导向叶片空气冷却的有效设计;而另一半原因归因于采用了定向凝固和单晶高温合金以及先进的铸造工艺。近年来,先进航空发动机的高压涡轮叶片和导向叶片绝大多数是用定向凝固和单晶高温合金制备的。表1-2为定向凝固与单晶高温合金在国外发动机上的应用情况。图 1-4 给出了普通铸造、定向凝固和单晶高温合金性能的比较,可以看出,单晶高温合金具有优越的蠕变强度、热疲劳抗力和腐蚀抗力。

表 1-2　定向、单晶高温合金在国外发动机上的应用情况[2,11]

国别	合金	发 动 机	备注
美国	PWA1422	JT9D-7F,F100-100,TF-30,F401-412	DZ
	DS René80H	CFM56-3,F404,CF6	DZ
	DSRené125	CFM56-3	DZ
	René150	CF6-50M	DZ
	PWA1480	PWA2037,PWA1130,TT9D-7R4,JT9D-7F,F100,T400-WV-402(PT6)	DD
	PWA1484	V-2500	DD
	CMSX-4	F402-RR-408,EJ200,RB211,CT-80	DD
英国	DSMM002	RB211-524D	DZ
	SRR99	RB211,RB199	DD
法国	NW12KCTHf	Arriel-1c-1	DZ
	CMSX-2	Arriel-1c-2	DD
加拿大	PWA1422	T400-WV-402	DZ
俄罗斯	Жс6у	НК-12	DZ
	Жс32	РД33	DZ
	Жс36	АЛ-31Ф	DZ

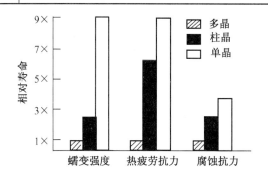

图 1-4　普通铸造、定向凝固和单晶高温合金性能的比较[2]

最近,人们不仅关心军用发动机涡轮叶片采用先进的定向凝固与单晶高温合金,而且也关心民用工业的燃气涡轮机用的小尺寸到中等尺寸的定向凝固涡轮叶片,并且越来越关心大负荷发电机涡轮叶片采用定向凝固高温合金的问题。在提高燃油效率要求的同时,人们也希望能充分利用来自燃气涡轮机排出的高温废气,因而导致了对长达 600mm 以上的定向凝固叶片的大量需求。我国自行研制的定向凝固 DZ4 高温合金,已成功地应用于地面燃机,在未进行特殊表面处理的情况下,除在恶劣环境下发生了严重的腐蚀外,使用 8000h 未发生异常情况。

1.5 定向凝固和单晶高温合金的常见缺陷

1. 疏松

疏松是铸造高温合金中最常见的冶金缺陷,尤其采用普通铸造工艺铸造形状复杂的叶片或其他零件更是如此。疏松对材料及零件的性能影响与疏松的尺寸几乎成正比。消除铸造疏松的方法很多,如压力铸造或对铸件进行热等静压。定向凝固和单晶高温合金由于采用顺序凝固,在整个凝固过程中,相当于有一个液相压头来不断补充凝固收缩。因此,相对普通铸造工艺而言,定向凝固叶片中的铸造疏松不太严重,疏松尺寸和数量都比普通铸造叶片中的小和少。

2. 晶界开裂

晶界开裂在定向凝固空心气冷涡轮叶片中易于出现。一方面由于定向凝固高温合金叶片的横向晶界是薄弱环节,另一方面则是由于生产定向凝固空心气冷涡轮叶片时需要陶瓷型芯,铸件凝固后再熔掉。由于陶瓷型芯的热膨胀系数比定向凝固高温合金的热膨胀系数小,因而在冷却收缩时,型芯周围产生径向应力作用而导致晶界开裂。因此,在定向凝固高温合金中通常通过加入铪元素来改善可铸性,但铪的加入会导致熔点降低并导致返回料使用上的困难,因此人们发展了无铪定向凝固高温合金,且已得到工程应用。

3. 定向凝固中的铸造等轴晶粒

在叶片的定向凝固过程中,由于液相位于固相之上,一些低密度溶质元素如 Al、Ti 等将从固相排出并富集在两相糊状区底部液相中靠近已凝固的固相。该 Al、Ti 富集区的密度比固相和上面的液相相对低些。密度的差异将造成液体向糊状区喷射,此过程使得枝晶破碎,破碎的枝晶成为形成等轴晶的核心,促进等轴晶的形成,通常将这种等轴晶称为雀斑,如图 1-5 所示。

铸造等轴晶的存在使定向凝固高温合金叶片失去了使用定向凝固高温合金的意义,并易使叶片发生早期失效。

4. 定向凝固和单晶高温合金叶片中的再结晶晶粒

任何金属材料经过一定量的冷变形(塑性变形)后,在高温下均会发生再结晶。再结晶发生于冷塑变材料的高温加热过程。再结晶晶粒尺寸与材料的变形量直接相关,当冷塑变达到临界变形量时,经高温加热便出现再结晶,但这时所形成

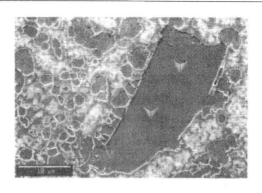

图 1-5 定向凝固高温合金中的铸造等轴晶粒[7]

的晶粒尺寸很大,一般肉眼可以察觉。随着变形量继续增加,晶粒尺寸变小。定向凝固和单晶高温合金表面再结晶的晶粒形貌如图 1-6 所示。

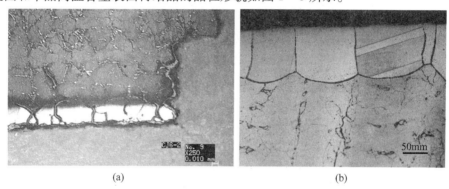

(a)　　　　　　　　　　　　　　　　(b)

图 1-6 定向凝固和单晶高温合金表面再结晶晶粒
(a) 定向凝固 DZ4 高温合金;(b) 单晶 SRR99 高温合金。

5. 热加工工艺造成的再铸层

目前,由于叶片精密成型工艺尚存在一定技术问题,定向凝固和单晶叶片在热工艺中仍存在产生铸造等轴晶粒的可能,如叶冠堆焊中由金属熔化产生的等轴晶以及加工微孔在孔边产生的等轴晶,习惯上将这些等轴晶称为再铸层,以区别于铸造等轴晶粒和再结晶晶粒。例如,某型先进发动机的定向凝固高温合金涡轮叶片,由于激光打孔产生再铸层,再铸层中的微裂纹深入到叶片基体,在高温及应力的作用下扩展造成了叶片的疲劳断裂。

6. 小角度晶界

在单晶高温合金叶片定向凝固过程中,由于空心叶片结构十分复杂,存在壁厚突变以及较大的横向缘板结构,在定向凝固过程中,温度场、溶质场、温度梯度场稳定性不高,凝固过程复杂,不可避免地形成小角度晶界。小角度晶界作为晶体缺陷的一种,其晶界结构与性质强烈地影响晶界迁移、溶质原子在晶界偏聚、原子扩散等现象,降低单晶高温合金的力学性能。在单晶高温合金叶片的使用中,由于叶片的主应力方向与小角度晶界的界面方向大体平行,小角度晶界对合金材料的纵向性能影响较小,所以实际使用的单晶叶片允许存在一定角度的小角度晶界。

1.6　定向凝固和单晶高温合金的发展前景

定向凝固和单晶高温合金至少在21世纪的前30年仍是航空发动机涡轮转子和导向叶片的主要材料,这不仅是由于定向凝固和单晶高温合金良好的综合性能及在研制与服役中长期的经验积累,而且是由于难熔合金、陶瓷、金属间化合物以及C/C复合材料等高温替代材料的研究虽然在近年来取得了很大进步,但距工程应用尚有很大距离。

定向凝固和单晶高温合金未来发展主要集中于合金设计、工艺开发、热障涂层、使用性能及损伤的工程应用研究等方面。

合金设计包括材料的成分与组织性能的设计,现已更多地建立在各组分热力学计算、原子构型和键合力的基础上,并积累了越来越多的性能数据。定向凝固高温合金的设计将摆脱纯经验的"抓药方"的方式,走向理论指导的科学设计,使材料成分与组织达到良好的组合,从而获得优异的综合性能。如现代单晶铸件的出现,导致了母合金熔炼中对微量和有害杂质元素如B、C和Tl、Te、Se等进行更加严格的控制,以及第二代单晶高温合金中Re的加入与控制。各类常规合金还存在有一定的发展潜力,通过成分特别是微量元素的控制和微调,开发出新的合金,获得新的性能,从而得到新的用途。

发展氧化物弥散强化合金和定向共晶高温合金可能是21世纪初期发展的重点方向。

氧化物弥散强化合金是利用高熔点的弥散性氧化物,如ThO_2、Y_2O_3等。这种氧化物粒子常以粉末冶金的方式加入金属中,不与基体金属发生任何化学反应,完全不同于普通合金中时效析出的第二相粒子,将对力学性能和整个显微组织产生影响。氧化物弥散强化合金利用弥散强化达到极高的高温强度,但中、低温的强度比较低,一般适宜用作涡轮导向叶片和燃烧室零件。

我国在氧化物弥散强化合金方面进行了一些研制工作,但因设备等条件不具备而进展缓慢。限制氧化物弥散强化合金工程化应用的主要障碍有成本、粉末制粉工艺及抗氧化能力。

定向共晶高温合金则是采取定向结构的概念,使塑性相(基体)与增强相呈共晶生长,形成一种共生的复合材料。最早运用定向凝固技术研制难熔共晶或含有共晶组织复合材料的是法国国家航空空间院的 M. Rabinovitch 及德国 MBB

公司的 H. Keller 教授,他们运用定向凝固技术制成了难熔共晶或含共晶组织的复合材料,在 1000～1100℃ 的温度下仍具有足够的高温强度和组织稳定性,成功地应用于制作涡轮叶片。定向共晶高温合金的强化作用一般由高强度的脆性碳化物和片状的铌化物提供。现有的定向共晶合金可以提高使用温度约 30～40℃,如 $Ni_3Al - Ni_3Nb$ 工作温度达到 1200℃,极有可能成为 21 世纪新型航空发动机的耐热材料。

定向共晶高温合金所存在的主要问题是生长速率太慢,在合金的综合性能以及凝固工艺等方面还不尽理想。随着凝固理论的进步以及复合材料、金属间化合物等新材料制备技术的运用,定向共晶高温合金必将会得到迅速发展。

设计合金的性能通过工艺开发来达到。工艺发展是定向凝固高温合金得以进一步发展的基础。超纯净的母合金、铸造组织与缺陷的控制、保证合金性能所需的铸造过程中的温度梯度,均需要通过先进的工艺来保证。

定向凝固和单晶高温合金耐温能力提高的幅度毕竟有限,而陶瓷、金属间化合物以及 C/C 复合材料等新一代材料在短期内则难以大量工程应用,通过结构设计改进进行冷却则无疑使发动机的效率下降。因此近年来国内外均致力于物理气相沉积热障涂层(TBC)的研究,试图通过热障涂层使合金的耐温能力提高 150～200℃。

高温合金未来主要竞争的材料系将是 NiAl、TiAl 等金属间化合物、C/C 和金属基复合材料、难熔金属和陶瓷,这些材料得以工程应用仍有许多研究工作要做。

法国著名的定向凝固和单晶高温合金专家 Khan 认为,通过定向凝固和单晶高温合金成分设计提高耐温能力在第四代单晶高温合金上已达到镍基高温合金的耐温极限。Khan 还认为,采用现代材料科学与工程技术,研制出符合性能要求的新材料已不成问题,其关键在于能否达到可靠的工程应用,这也为 NiAl、TiAl 等金属间化合物、C/C 和金属基复合材料、难熔金属和陶瓷等新材料的研制提出了基本思路。定向凝固和单晶高温合金属宏观各向异性非均质材料,而目前有关该类材料的性能评价技术和设计准则缺乏系统研究,国内外有关断裂韧度和裂纹扩展速率的测试标准尚不具备就是证明。定向凝固和单晶高温合金性能的表征与评价技术以及设计准则对于发动机叶片的安全使用是一个带有共性的根本性问题。

因此,针对近年来定向凝固和单晶高温合金在工程应用中出现的再结晶问题,本书在简要介绍定向凝固和单晶高温合金以及再结晶基本特点的基础上,较为系统地介绍了定向凝固和单晶高温合金再结晶的特点、危害以及影响再结晶的主要因素,阐述了再结晶的物理本质,介绍了再结晶层对性能影响的基本力学模型,分析了含再结晶层叶片的断裂特征,提出了定向凝固和单晶高温合金再结晶层的检测与控制方法。

参考文献

[1] Sims C T,等. 高温合金. 赵杰,等译. 大连：大连理工大学出版社, 1992.

[2] 颜鸣皋. 铸造高温合金论文集. 北京：中国科学技术出版社, 1993.

[3] Enckson J S, Sullivan C P, Versnyder F L. In High Temperature Materials in Gas Turbines. P. Sahm and A. Speidel, (eds.), Elsevier, Amsterdam, 1974：315.

[4] Sun Chuanqi, Yao Deliang, Li Qijuan. An investigation on anisotrony of directionally solidified nickel-base superalloys. Chinese Journal of Metal Science and Technology, 1987, (3)：5.

[5] Sun Chuanqi, Li Qijuan, Wu Changxin. The engineering applications of a Hf-free directionally solidified superalloy in the aviation industry of China. Superalloy 1996. The Metallurgical Society, 1996：507.

[6] Sun Chuanqi, Lin Dongliang, Huang Songhui. A Hafnium-free directionally solidified nickel-base superalloy. Superalloys 1988, The Metallurgical Society, 1988：345.

[7] Paul D Genereux, Christopher A. Borg. Characterization of freckles in a high strength wrought nickel superalloy. Superalloys. T. M. Pollock and R. D. Kissinge r (eds.), TMS, 2000：19.

[8] Madeleine, Durand-Charre. The microstructure of superalloys, Gordon and Breach science publishers, 1997.

[9] Matthew Donachie J et al. Superalloys, Metals Handbook Desk edition second edition edited by Davis J R, ASM International, Materials Park, 1998：394.

[10] Harrison G F, Tilly G P. The static and cyclic creep properties of three forms of a cast nickel alloy. Proceedings of International Conference on Creep and Fatigue in Elevated Temperature Applications. New York：Mechanical Engineering Publications, 1973：222. 1.

[11] 胡壮麒, 刘丽荣, 金涛, 等. 镍基单晶高温合金的发展. 航空发动机, 2005, 31(3)：1.

第2章 定向凝固高温合金再结晶及其基本特点

再结晶对于变形金属和定向凝固高温合金,有着本质的区别,如再结晶温度的定义、再结晶对性能的影响以及再结晶前后的形态等。本章简要回顾变形金属再结晶的基本概念,介绍定向凝固高温合金再结晶的基本特点,给出了定向凝固高温合金再结晶温度的定义及其检测方法,并给出了常见定向凝固和单晶高温合金的再结晶温度。

2.1 变形金属再结晶的基本概念

一般的变形金属或合金,冷塑变后处于亚稳的高能量状态,在热激活的作用下,要经历一系列的显微组织变化过程,从亚稳的高能量状态转变为稳定的低能量状态。与显微组织变化相对应,金属或合金的性能会发生变化。

冷变形金属在热激活作用下,一般要经历回复、再结晶和晶粒长大三个主要阶段,这三个阶段既有一些重叠,又各自具有明显的特点。因此,金属的再结晶是指金属冷变形后经包括回复等一系列变化而形成相当完整的新晶粒的过程。

2.1.1 回复

金属发生冷塑变时,变形所消耗的机械功,大部分转变为热而自金属中逸出,只有一小部分能量以点缺陷、位错、层错等形式储存在晶体中。储存在晶体中的这部分能量,就是金属发生回复和再结晶的驱动能。如果将冷变形的金属缓慢加热,这部分储存能将释放出来,如图 2 – 1 所示。

在回复过程中,金属的性能和微观结构发生变化。一般而言,电阻率、残余应力和硬度下降,而金属的延伸率等塑性指标得以提高,强度值变化不大。图 2 – 2 给出了冷加工的钨在完全再结晶的温度以下退火 1h 后热电势、电阻率、残余应力和硬度性能的变化趋势。工程上常采用回复热处理达到消除冷加工形成的残余应力,以防止零件在加工过程中的翘曲变形以及使用过程中在特定的敏感腐蚀介质中发生应力腐蚀开裂。

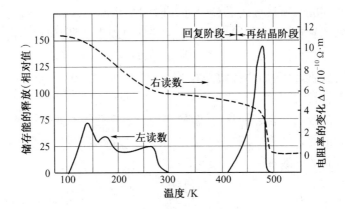

图 2 - 1　储存能的释放过程[1]（Clareborugh）

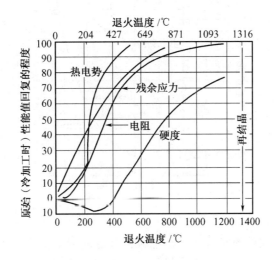

图 2 - 2　冷加工的钨在完全再结晶的温度以下退火 1h 后性能的变化趋势[1]

回复过程中的显微组织变化在光学金相显微镜下是难以观察到的,但利用透射电子显微镜可以观察到位错的变化[1,2]。

2.1.2　再结晶及晶粒长大

在回复过程中,经过强烈冷加工变形的金属中的一部分储存能虽已释放,但大部分能量仍然保存于金属中,作为再结晶的驱动力。因此,金属再结晶定义为:在变形和回复的基础上,通过形核和长大形成基本上无应变的新晶粒的过程[2]。由于新晶粒的长大是通过大角度晶界的迁移来实现的,因此,再结晶后金属的组织发生了变化。

　　再结晶刚完成时所形成的晶粒尺寸与时间关系不大,而与材料的变形量直接相关。当材料达到临界变形量时,经高温加热便出现再结晶,但这时所形成的晶粒尺寸很大,一般肉眼可以察觉。随着变形量继续增加,晶粒尺寸变小。

　　再结晶完成后,继续加热会使晶粒的平均尺寸增大。这个通过晶界迁移进行的过程称为晶粒长大。

　　对冷变形的金属和合金加热时,金属和合金最终性能的变化可能是回复、再结晶和晶粒长大的综合结果。图2-3给出了冷加工金属在再结晶温度以上保温1h后性能发生变化的一般规律。

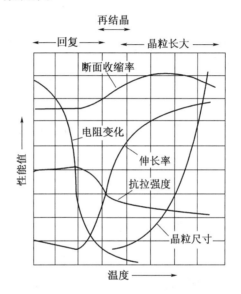

图2-3　冷加工金属在再结晶温度以上保温1h后性能发生变化的一般规律[1]

　　人们通过实验定性地确定了影响金属和合金再结晶的基本规律[2]:

　　(1)金属发生再结晶必须有一最小变形量,即发生再结晶的临界变形量;

　　(2)发生再结晶所需的温度随变形量的增大而减小;

　　(3)增加在高温下的时间可以降低再结晶所需的温度;

　　(4)再结晶刚完成后的晶粒尺寸主要取决于变形量,随变形量的增大而减小,与在高温下的时间关系不大;

　　(5)获得相同再结晶温度和时间所需的冷变形量随原始晶粒尺寸增大而增大;

　　(6)获得相同变形硬化所需的冷变形量随变形温度的升高而增大;

　　(7)新晶粒不会长入取向与之相同或略有差异的变形晶粒中;

　　(8)再结晶完成后,如果继续保持高温则会引起晶粒长大。

　　再结晶的这些规律对变形合金有重要的实际应用价值。

2.1.3　影响再结晶的主要因素

研究发现,影响再结晶的主要因素有合金元素、冷变形程度、热处理温度、保温时间和原始晶粒大小等。

1. 热处理温度与保温时间

对于一定的塑性变形量,温度越高,再结晶进行得越快。再结晶的过程实际上是一个热激活的过程。温度对再结晶的影响可以由 Arrhenius 方程得到解释。

反应速率 G 可以表示为

$$G = G_0 \exp(-Q/RT) \qquad (2-1)$$

或

$$G = X_V/t = G_0 \exp(-Q/RT) \qquad (2-2)$$

式中: Q 为再结晶激活能,和塑性变形量成反比关系; X_V 为再结晶百分数,或者说再结晶的完全程度; R 为气体常数; G_0 为常数; T 为热力学温度; t 为时间。

可以看到,式(2-2)中有四个参数:再结晶温度、再结晶时间、再结晶完全程度和再结晶激活能,也就是塑性变形量。对于同一组试件,具有相同的塑性变形量,因而临界激活能是一样的。如果热处理时间相同,从式(2-2)可以看出,再结晶的完成程度和温度成指数关系,温度越高,再结晶越完全。

同时,也可以看出,对于特定的材料,在一定的温度范围内,温度和时间的作用是可以互换的。

2. 冷变形程度

一般情况下,随着变形量的增加,在一定的温度下,完成再结晶所需的时间就相应缩短。

如果变形量逐步减小,就会达到所谓的临界变形量,即在该变形量以下,在一定的温度下将不会发生完全再结晶。在临界变形量下经高温加热,这时所形成的晶粒尺寸很大。随着变形量继续增加,晶粒尺寸变小。

3. 合金元素

在其他条件相同时,金属的纯度越高,其再结晶开始的温度越低。提高冷加工金属有效使用温度范围的常用方法是适当进行合金化。通常加入少量的固溶合金元素,就能够显著提高金属的再结晶温度。铝(99.999%)的再结晶温度为80℃,而纯度为99.0%的铝的再结晶温度为290℃,一般常用铝合金的再结晶温度则可达到320℃,如表2-1所列。

4. 原始晶粒大小

再结晶晶核优先在晶界上形成。因此,在其他条件相同时,细晶粒金属更容易发生再结晶。

表 2 - 1　几种金属与合金再结晶温度的近似值[1]

材料	再结晶温度/℃	材料	再结晶温度/℃
铜(99.999%)	120	镍(99.4%)	600
铜(无氧铜)	200	镍 + 30% 铜	600
铜 - 5% 锌	320	电解铁	400
铜 - 5% 铝	290	低碳钢	540
铜 - 2% 铍	370	镁(99.99%)	65
铝(99.999%)	80	镁合金	230
铝(99.0% +)	290	锌	10
铝合金	320	锡	-3
镍(99.999%)	370	铅	-3

2.1.4　金属再结晶温度的测定

　　尽管影响金属再结晶的因素很多,但基于再结晶过程对温度的改变较恒定温度下对时间的改变更为敏感,同时,考虑到工程应用中材料的使用温度有一个基本范围,而时间则可以很长。因此,人们通常用再结晶温度来表征金属和合金发生再结晶的能力。金属或合金的再结晶温度是指经高度冷加工的金属或合金在此温度下保温 1h 能够完全再结晶的温度。这就要求必须做出一个同时考虑时间与温度的再结晶的表达形式。图 2 - 4 给出了典型的等温再结晶曲线。

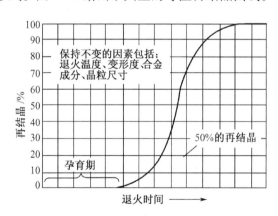

图 2 - 4　典型的等温再结晶曲线[1]

　　实验表明,对大多数变形金属,再结晶温度为 $0.4T_m \sim 0.6T_m$,T_m 为金属的熔点。表 2 - 1 给出了几种金属与合金再结晶温度的近似值。

　　再结晶温度给出的是经过高度冷加工的金属或合金在此温度下保温 1h 能够完全再结晶的温度,然而人们更关心的是金属和合金在长时间服役条件不发生再结晶的温度,如冷加工金属在室温下25年能否发生再结晶。显然,完全靠实验的方法来确定长时间服役条件下不发生再结晶的温度是不可取的。

对于完全的再结晶,则式(2-2)简化为

$$G = X_V/t = G_0\exp\left(-B/T\right) \qquad (2-3)$$

式中: G_0 和 B 为常数。如果测出两个温度下发生完全再结晶的时间,则可计算出这两个常数,也就推算出了金属在其他任一温度下发生再结晶的时间 t。

2.1.5　动态再结晶

通常讲的再结晶,如果不加以特别说明,一般是指静态再结晶,即变形金属或合金在冷加工(低于静态再结晶温度的加工过程)后的退火过程中发生的再结晶。金属或合金的动态再结晶一般是指热加工(高于静态再结晶温度的加工过程)中发生的再结晶。材料之所以发生动态再结晶,一方面是因为材料的形变,位错不断增殖和积累;另一方面,在热激活作用下,位错偶对消与位错胞壁规整化形成的亚晶及亚晶的合并等过程也在进行。也就是说,材料在形变硬化的同时发生了动态回复。一般而言,低层错能或中等层错能材料的动态回复过程不如高层错能材料容易,动态回复往往难以同步抵消形变时的位错积累,当位错积累到一定程度后就会发生动态再结晶。

2.2　定向凝固高温合金再结晶的基本特点

定向凝固和单晶高温合金作为现代发动机涡轮转子叶片材料得以广泛应用,其主要原因在于基本上消除了垂直于应力轴方向的横向晶界,使晶界不再成为断裂的萌生源。因此,对定向凝固和单晶高温合金而言,不应含有与应力轴相垂直的晶界及缺陷。然而,如果叶片在生产过程中受到冷变形,如磕碰、吹砂、机械加工等,又在高于再结晶温度下停留,叶片就会发生再结晶。定向凝固和单晶高温合金的再结晶与变形金属有着本质区别。

1. 再结晶温度的定义不再适用于定向凝固高温合金

前已述及,对变形合金而言,某一金属或合金的再结晶温度是指经过高度冷加工的金属或合金在此温度下保温1h能够完全再结晶的温度。显然这一定义不再适用于定向凝固高温合金。

2. 再结晶对变形合金和定向凝固高温合金的影响有本质区别

变形金属的再结晶在工程上得到广泛的应用,如利用再结晶使晶粒细化从而提高金属的强度、塑性和疲劳强度。同时,变形金属再结晶后的组织与冷加工前组织是相同的,再结晶后合金的性能与冷加工前大致相同。如,一种合金经冷拉加工时,因为加工硬化而塑性降低,继续冷拉成形很困难。如将此半成品给予再结晶退火,合金的塑性得以恢复,因而容易变形,可以继续冷拉加工。

采用定向凝固工艺制备定向凝固和单晶高温合金的目的在于消除垂直于加载方向的晶界,同时,为了提高合金的初熔温度,尽可能地减少晶界强化元素,如 B、Hf、Zr 和 C 等。由于定向凝固和单晶高温合金晶界强化元素少,因而任何含有与应力轴相垂直的晶界及缺陷,例如雀斑和再结晶晶粒,都是很危险的。

与变形金属的再结晶不同,定向凝固高温合金再结晶前后的组织形貌完全不同,再结晶形成的等轴晶粒与基体的柱状晶存在本质差别,图 2 – 5 给出了产生于粗大的柱状晶叶片表面的再结晶晶粒形貌。

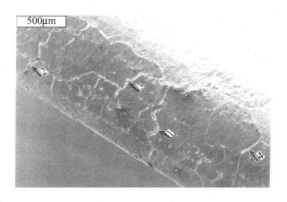

图 2 – 5　产生于粗大的柱状晶叶片表面的再结晶

大量研究表明,对于铸造高温合金而言,再结晶的危害性程度从大到小依此为:单晶高温合金、定向凝固高温合金和普通铸造高温合金。

3. 定向凝固高温合金的再结晶基本局限于表面

定向凝固和单晶高温合金并不经历冷变形过程。因此,从理论上讲,定向凝固和单晶高温合金在正常情况下不应出现再结晶,除非在叶片生产过程中受到偶然的冷变形,如磕碰、吹砂、机械加工等,而这些工艺过程导致的冷变形基本处于表面,在高于再结晶的温度下形成表面再结晶层,这与变形合金有着本质的区别。

定向凝固高温合金再结晶易在表面形成的另一原因是,合金表面易于富氧,表面区域的 Al、Ti 等亲氧元素极易氧化,导致合金的表面已不是真正意义上的"定向凝固高温合金"。已有的研究表明,在高温空气环境及应力的长期作用下,定向凝固合金表面会形成几十微米的耐蚀层,动态再结晶局限于耐蚀层内,这充分表明,在高温气氛和应力的长期作用下,叶片表面的氧化会促使动态再结晶的产生,但其深度有限,详细情况见第 8 章。

目前,定向凝固和单晶高温合金基本用于制作发动机涡轮叶片,而叶片最主要的破坏模式是疲劳损伤,疲劳损伤基本上从表面起始(表面强化情况除外)。因此,表面再结晶层的存在对定向凝固叶片疲劳损伤的发生和发展起着重要的作用。

　　表面再结晶层的存在使定向凝固和单晶高温合金叶片成为典型的"表层/基体"材料系统,表层/基体之间必然存在相互作用力,这一作用力与 E_c/E_s 有关(E_c 为表面层即再结晶层的弹性模量,E_s 为基体材料即定向凝固高温合金横向弹性模量),E_c/E_s 大于 1 时的作用力表现为压应力,E_c/E_s 小于 1 时的作用力表现为拉应力,对含有表面再结晶层的定向凝固和单晶高温合金叶片,再结晶层弹性模量虽高于定向凝固高温合金叶片的纵向弹性模量,但低于定向凝固高温合金叶片的横向弹性模量。因此,E_c/E_s 小于 1,再结晶表层/基体之间的作用力表现为拉应力,显然易于产生疲劳损伤。

　　定向凝固高温合金属宏观各向异性非均质材料,这与一般变形合金和普通铸造高温合金不同,材料细观甚至宏观单元及其构造的动力学演化控制了材料的力学损伤过程,从而构成了材料在工艺和使用过程中特定的损伤特性,如柱状晶杆在力的作用下处于弹性变形时,枝晶可能已处于弹塑性变形,而枝晶间则可能已经处于塑性变形。在略低于再结晶温度的长时间作用下,枝晶间可能首先发生局部再结晶,但枝晶间发生的局部再结晶区域很小且处于定向凝固高温合金叶片内部,其危害性较表面再结晶要小得多。

4. 定向凝固高温合金的再结晶温度较高

　　对大多数变形合金,其发生完全再结晶的温度约为 $0.4T_m \sim 0.6T_m$,这里 T_m 为合金的熔点,单位为 K。但对镍基定向凝固和单晶高温合金而言,其熔点大约在 1600K,按 $0.4T_m \sim 0.6T_m$ 估算,其再结晶温度仅处于 $400 \sim 700℃$ 之间,远低于目前所测定的大多数镍基定向凝固和单晶高温合金开始发生再结晶的温度,其主要原因在于镍基定向凝固和单晶高温合金中含有大量的合金化元素,尤其是含有大量的如钨、铪、钼等重金属元素,这些元素使镍基定向凝固和单晶高温合金经冷变形后在高温下发生回复和再结晶的能力降低,因而使得镍基定向凝固和单晶高温合金开始发生再结晶的温度得以显著提高。

5. 定向凝固高温合金再结晶形貌与铸造等轴晶和枝晶的主要区别

　　图 2 - 6 为典型的再结晶组织形貌,为进一步区别再结晶组织与铸造组织,图 2 - 7 中给出了既有再结晶组织又有铸造组织的形貌。可以看出,再结晶晶界与铸造晶界的主要区别有:①再结晶晶粒分布无序,而铸造等轴晶和枝晶的分布相对有序;②再结晶晶界平直,方向改变时圆滑过渡,而铸造等轴晶和枝晶弯折较多,且转折处尖锐;③再结晶晶界细小,晶界干净,而铸造等轴晶晶界较粗,且晶界上有相对较多的析出相和碳化物,枝晶的界面则较模糊;④再结晶晶粒内无细小网状组织,即无畸变区,储能较少,而铸造等轴晶和枝晶中有较多细小网状组织(经一定程度塑性变形后)。从图 2 - 7 还可以看出,由于定向凝固高温合金的各向异性,再结

晶区域中有局部未再结晶的细小网状组织和铸造晶界,如图2-7(a)所示,而网状组织中有再结晶组织,如图2-7(b)所示。

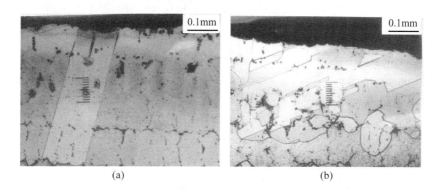

图2-6   定向凝固DZ4合金典型的再结晶组织形貌
（a）大晶粒；（b）小晶粒。

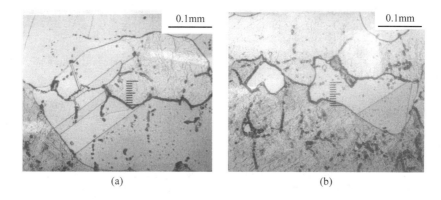

图2-7   定向凝固DZ4合金中再结晶晶界与铸造晶界形貌
（a）再结晶区域内的铸造晶界和网状组织；（b）网状组织中的再结晶组织。

2.3   定向凝固高温合金再结晶温度及其测定

2.3.1   再结晶温度

变形合金再结晶温度的定义显然不适合于定向凝固高温合金。

定向凝固高温合金叶片为铸造成型,不经过高度冷加工,其最主要的特点是要求在长期的高温使用条件下不出现垂直于加载方向的晶界。因此,定向凝固高温合金的再结晶温度的定义应当为:在规定的服役时间内发生工程上所允许的最大再结晶层深度的温度。

　　规定的服役时间指发动机或燃气轮机涡轮叶片的设计寿命,不同的发动机或燃气轮机差别很大,如目前歼击机用航空发动机涡轮叶片的设计寿命为 1000 ~ 1500h,直升机以及军用运输机用发动机涡轮叶片的设计寿命则需要长得多,而燃气轮机涡轮叶片的设计寿命则达到上万小时。

　　工程上所允许的最大再结晶层厚度则受叶片形状、工作应力等的影响,目前军用航空发动机应至少限制在 45μm 以内。

2.3.2　再结晶温度的确定方法

　　尽管影响定向凝固高温合金再结晶的因素很多,但确定定向凝固高温合金再结晶温度要解决的关键问题是,如何测定在上千小时,甚至数万小时服役时间内发生再结晶的温度,显然完全靠实验的方法是不可取的。

　　确定定向凝固高温合金再结晶温度的基本原理与变形合金相同,即对试样表面进行冷变形,然后在给定的温度下和给定的时间内加热,然后分析是否发生再结晶。

　　根据式(2-3),通过实验方法测出两个温度下发生再结晶的时间,则可计算出式中 G_0 和 B 两个常数,就可推算出定向凝固高温合金在所规定的其他服役时间内发生再结晶的温度。

　　测定定向凝固和单晶高温合金是否发生再结晶的方法,通常采用金相法和 X 射线衍射法。采用金相法测定再结晶温度是将冷变形材料经不同温度热处理后进行金相检查,测定表面是否存在再结晶。与 X 射线衍射法相比,金相法具有操作简便的优点,但测定的再结晶温度的准确性不如 X 射线衍射法。

　　采用金相法测定定向凝固 DZ4 高温合金的再结晶温度,首先是将试样通过三点弯曲的方法进行塑性变形,三点弯曲试验在 MTS NEW 800 试验机上进行,采用的试样尺寸为 48mm×5mm×2.5mm,跨距为 40mm,如图 2-8 所示。压头在竖直方向加载速率为 0.5mm/min。采用该方法进行试验时,当压头在竖直方向的位移 S 达到 6.6mm 时试样断裂。在进行再结晶温度测定时采用的变形量 S 为 3.3mm。试样三点弯曲变形量 $S=3.3$mm 后形状如图 2-9 所示。试样塑性变形后分别在

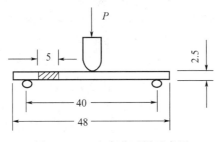

图 2-8　三点弯曲试样示意图

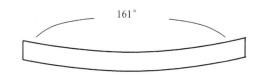

图 2 - 9　三点弯曲变形 S = 3.3mm 后的试样形状

800℃、850℃、900℃、950℃、1000℃、1050℃、1100℃、1150℃ 和 1220℃ 进行高温热处理。热处理后在试样厚度方向上切取金相试样并在 OLYMPUS 光学金相显微镜上进行再结晶观察。

　　对三点弯曲试样分别经不同温度热处理后的金相组织进行的分析表明,定向凝固 DZ4 高温合金的热处理温度低于 1000℃ 时,热处理后金相组织未发生明显的变化。而经 1050℃/4h 高温热处理后,在受拉侧和受压侧均产生了表面再结晶,如图 2 - 10 所示。随着热处理温度的进一步升高(1100℃),定向凝固 DZ4 合金的表面再结晶更加明显,因此定向凝固 DZ4 合金开始发生再结晶的温度应在 1000 ~ 1050℃ 范围内。

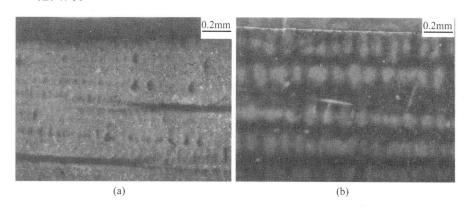

(a)　　　　　　　　　　　　　　(b)

图 2 - 10　定向凝固 DZ4 合金不同温度热处理后的金相组织
(a) 1000℃;(b) 1050℃。

　　定向凝固 DZ4 合金经上述三点弯曲变形和 1220℃/4h 热处理后的沿厚度方向的金相组织如图 2 - 11 所示。可以看出,基本可分为三个区域:①试样表面的再结晶区,典型的再结晶金相组织如图 2 - 6 所示;②紧邻再结晶区的细小网状组织区域,典型组织形貌如图 2 - 12 所示;③试样中部正常的未发生再结晶的组织。定向凝固 DZ4 合金在三点弯曲变形过程中,试样表面的塑性变形最大,随着离试样表面距离的增加,塑性变形逐渐减小,在试样中部变形最小。由于金属材料经过一定的塑性变形后在再结晶温度以上高温热处理时,是否发生再结晶与变形程度有关,即存在一临界变形程度,当塑性变形程度超过该临界变形程度,发生再结晶,否则,将不会出现再结晶组织。因此,对于图 2 - 11 中所示的组织形貌,试样表面发生再结晶的区域,其变形程度超过了临界变形程度,而试样中部未发生再结晶的区域,其变形程度尚未超过临界变形程度。当然变形组织是否发生再结晶还与热处理温度和保温时间有关。对于图 2-11 和图 2-12 中所示的细小网状组织,根据其形貌特征可以看出有明显的方向性,应为形变织构在热处理温度下发生了明显回复,这部分组织有可能随着热处理温度的升高和保温时间的延长而形成再结晶组织。

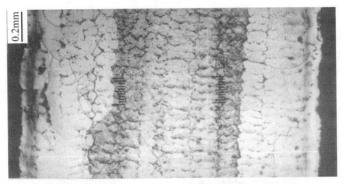

图 2-11　定向凝固 DZ4 合金三点弯曲变形和热处理后沿试样厚度方向的组织形貌

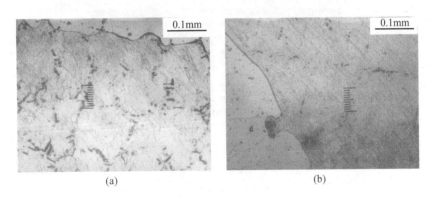

(a)　　　　　　　　　　　　　　　　(b)

图 2-12　定向凝固 DZ4 合金中与再结晶组织相邻的细小网状组织
(a) 受拉侧;(b) 受压侧。

卫平[3]等人对一种镍基单晶高温合金的再结晶温度进行了实验研究。结果表明,再结晶与 γ' 相溶解相关。卫平采用的试样用线切割从铸态的单晶圆形试棒上切取,试样表面磨至 0.32μm。在 0.4MPa 的压力下对试样表面喷丸 1min,使表面产生一定的塑性变形层。为防止试样在热处理过程中的高温氧化,将试样封入石英管中。试样分别在 400~1300℃之间的不同温度下分别保温 4h,然后空冷。在 D92C 型 X 射线衍射仪上采用 Cu-Kα 辐射和背散射法拍摄试样的{400}和{331}谱线($2\theta \approx 139°$)的衍射花样,通过观察衍射斑点的出现判断再结晶开始发生的温度。然后用光学金相显微镜(OM)和扫描电镜(SEM)测试再结晶层厚度和观察再结晶层组织的变化。以 t_1 表示再结晶开始出现的温度, t_1, t_2, t_3, t_4, t_5 分别表示实验温度($t_5 > t_4 > t_3 > t_2 > t_1$)。

图 2-13 显示经过表面喷丸的单晶试样经 t_1, t_3, t_4, t_5 温度加热 4h 后{400}和{331}的谱线衍射花样。从衍射图像中可以发现,当加热温度升至 t_1 时,衍射图像上开始出现多个明显的衍射斑点,这表明试样表面开始生成再结晶晶粒。随加热温度进一步升高,衍射斑点的数目增多,连续性增加,表明在此过程中不断有细小的新的晶粒产生。从 t_4 温度开始衍射斑点开始变得独立而分开,且变亮变大,这说明再结晶晶粒开始聚集长大。

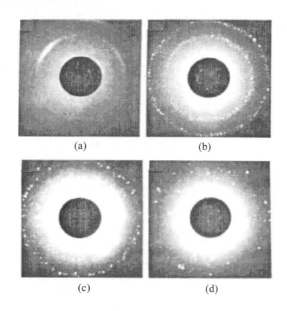

图 2-13 不同加热温度的衍射图像[3]

(a) t_1 ; (b) t_3 ; (c) t_4 ; (d) t_5 。

2.3.3 动态再结晶及其测定

对于定向凝固高温合金,特别是精密铸造的定向凝固高温合金叶片,其机加工位置少,机加工温度低,因而不具有普通变形合金所定义的动态再结晶过程。定向凝固高温合金的动态再结晶一般是指构件在使用条件及温度下的再结晶。

一方面,目前定向凝固高温合金的使用温度一般低于其静态再结晶温度,另一方面,已有的研究发现,定向凝固高温合金在大气环境和构件许用应力长时作用下,可以在低于静态再结晶的温度下发生动态再结晶。这表明定向凝固高温合金的动态再结晶温度可略低于其静态再结晶温度。定向凝固高温合金的动态再结晶过程主要受温度和应变速率的影响,此外,环境介质对定向凝固高温合金动态再结晶的影响也很重要,因此,表面涂覆涂层情况下测定的定向凝固高温合金的动态再结晶温度更准确,也更具有工程指导意义和价值。

2.3.4　常见定向凝固和单晶高温合金的再结晶温度

采用金相分析的方法,对国内常见的 DZ4、DZ22、DZ125、DZ125L、DZ17G 等镍基定向凝固高温合金以及 DD3 等单晶高温合金的再结晶温度进行了试验研究,发现这些合金开始发生再结晶的温度基本上都处于 1000~1050℃ 范围内,而钴基定向凝固高温合金 DZ40M 开始发生再结晶的温度处于 1050~1100℃ 范围内,较镍基定向凝固高温合金以及单晶高温合金开始发生再结晶的温度高 50℃ 左右。

参考文献

[1]　盖伊 A G,赫仑 J J. 物理冶金原理. 徐纪楠,译. 北京:机械工业出版社,1981.

[2]　谢希文,路若英. 金属学原理. 北京:航空工业出版社,1989.

[3]　卫平,李嘉荣,钟振纲. 一种镍基单晶高温合金的表面再结晶研究. 材料工程,2001,(10):5.

第3章 定向凝固和单晶高温合金
再结晶的主要影响因素

对于一般变形金属材料而言,影响其再结晶的主要因素有冷变形程度、热处理温度、热处理时间、原始晶粒尺寸以及微量合金元素等,关于这一点第 2 章已作了简要介绍。普通变形金属材料再结晶的影响因素也必然对定向凝固和单晶高温合金的再结晶有所影响。同时,由于定向凝固和单晶高温合金属各向异性材料,变形过程中易产生变形不协调,与变形有关的变形速率、变形保持时间及变形工艺等对其再结晶必将产生较大的影响。另外,由于定向凝固高温合金的原始晶粒尺寸即为柱状晶的尺寸,一般与构件的尺寸有关,对于给定构件如叶片来说,其柱状晶尺寸一般变化不大。因此,本章着重介绍合金元素、第二相粒子、变形程度、热处理温度、热处理时间、变形速率以及变形工艺等对定向凝固和单晶高温合金再结晶行为的影响。

3.1 合金元素对再结晶的影响

变形合金的再结晶温度约为 $0.4T_m \sim 0.6T_m$,这里 T_m 为合金的熔点,单位为 K。定向凝固和单晶高温合金的熔点大约在 1600K,按 $0.4T_m \sim 0.6T_m$ 估算,其再结晶温度仅处于 400~700℃之间,远低于目前所测定的大多数定向凝固和单晶高温合金开始发生再结晶的温度,其主要原因在于合金元素的影响。

合金元素对定向凝固和单晶高温合金再结晶的影响体现在两方面:①合金元素作为溶质原子与位错交互作用,钉扎位错,阻碍位错的滑移与攀移,使再结晶形核、长大困难,再结晶不易发生,从而提高再结晶温度;②合金元素形成大量的第二相粒子,如 γ' 相、碳化物等,阻碍位错重排构成亚晶界并发展成大角度晶界的形核过程以及大角度晶界迁移的再结晶长大过程。

由于定向凝固和单晶高温合金中合金化元素较多、形成的第二相粒子的直径和间距较小,如 γ' 相,因此对再结晶的影响较大,使得定向凝固和单晶高温合金开始发生再结晶的温度大大提高。图 3-1 为定向凝固 DZ4 高温合金冷变形和热处理后再结晶区域附近畸变组织中的 γ' 相形貌,这些第二相粒子通过阻碍畸变组织在高温

图 3 – 1　定向凝固 DZ4 合金再结晶附近畸变组织中的 γ′相

下形成再结晶的过程,提高了定向凝固 DZ4 合金的再结晶温度。

　　合金元素对不同的定向凝固和单晶高温合金再结晶的影响有所不同,如常见的镍基定向凝固高温合金以及 DD3、SRR99 等单晶高温合金的再结晶温度,基本上都处于 1000 ~ 1050℃ 范围内,而钴基定向凝固高温合金 DZ40M 开始发生再结晶的温度处于 1050 ~ 1100℃ 范围内,较镍基定向凝固与单晶高温合金开始发生再结晶的温度高 50℃ 左右。这可能与不同合金元素与基体材料位错间有不同的交互作用能有关。

3.2　第二相粒子对再结晶的影响

　　如果溶质或杂质在金属中含量超过基体的溶解极限后,会形成结构不同的第二相粒子。第二相粒子的种类、特性、分布及数量不同,对合金再结晶的影响便不同。

　　若合金中的第二相也是容易发生塑性变形的固溶体,并且比较粗大,当冷变形时,第二相也要产生一定程度的形变,并存在一定的储存能,在金相组织上也可观察到第二相随基体相一同发生畸变。但因第二相与基体相晶体结构不同,变形能力则不同,若各相在变形时承受的应力相同,则各相的变形量便不同。再结晶的形核地点往往是位错数量多而密集分布的区域,所以,两个相均变形的合金再结晶晶核可以在变形小的那一相边界近旁形成,也可以在形变大的那一相内部形成。这种第二相对合金再结晶的影响主要根据第二相的强度、塑性、粗细程度和体积分数的不同而不同,应视其形变后的亚结构情况具体分析。

　　如果第二相是不易变形的化合物相,则硬脆的化合物颗粒一般不发生形变。因此,合金的变形再结晶主要发生在固溶体基体上,分布于基体上的第二相粒子的尺寸及分布不同,对基体再结晶的影响则不同。

　　在第二相颗粒比较粗大、间隔较远的情况下,冷变形时,位错经过化合物粒子时往往采用绕过机制,使颗粒附近塞积有高密度的位错,造成储存能在颗粒附近增加,再结晶驱动力增大,成为有利于再结晶形核的地点。同时,因颗粒间距较大,在颗粒附近再结晶形核并到达形成可动性高的大角度晶界(或角度较大的亚晶界)之前,很少遇到第二相粒子的阻碍。因此,粗大化合物颗粒的存在,一般有利于合金的再结晶。但若这种颗粒数量过少、间距过远,则促进再结晶的作用便近于消失。相反,在化合物相粒子尺寸和间距较小的弥散分布条件下,合金变形时位错在基体中分布比较均匀。这些细小的第二相粒子在再结晶形核时,不但不能起到类似粗大粒子的促进形核作用,却由于其对位错运动的阻碍作用,使位错在再结晶形核时较难迁移,不易重新排列而形成大角度晶界,导致再结晶的困难。因此,当第二相颗粒很细、数量很多和分布很弥散的情况下,合金再结晶温度很高,甚至接近其熔化温度。

在铸态定向凝固和单晶高温合金中,第二相粒子主要是指 γ′相、γ/γ′共晶组织以及碳化物。γ′相粒子尺寸和间距较小,在 γ 基体中弥散分布,在再结晶过程中对再结晶晶粒的形核以及晶界的迁移都起着阻碍作用。因此,铸态 γ′相粒子的溶解是定向凝固和单晶高温合金再结晶的主要控制因素。关于 γ′相粒子对定向凝固和单晶高温合金再结晶的影响在本章其他部分有详细分析。

由于碳化物可以在 γ′相溶解温度以上稳定存在,所以碳化物对再结晶的影响得到关注。Bürgel[1]等首先研究了碳化物对单晶 CMSX – 11B 合金再结晶的影响。在含碳 0.08% (质量分数,下同)的合金中形成了大尺寸的块状和骨架状碳化物。在经过 1.88% 压缩变形及固溶处理后,与不含碳合金表现出类似的再结晶行为,合金都发生了再结晶,再结晶晶粒都从表面向内部发展。刘丽荣等对 Ni – 8Cr – 5.5Al – 1Ti – 7W – 8Co – 6.5Ta 单晶高温合金中分别加入 0.015% 和 0.05% 碳后合金的再结晶行为进行了比较[2],发现含碳合金与不含碳合金在固溶处理后都发生了程度相当的再结晶。认为碳化物虽然对再结晶晶界的迁移有一定的抑制作用,但在驱动力足够大时,再结晶晶界仍可绕过碳化物继续迁移。王莉[3]等深入地研究了碳加入后形成的碳化物对定向凝固 DZ125L 合金再结晶行为的影响,发现碳化物可以充当再结晶的形核位置,但同时对再结晶晶界的迁移起阻碍作用。碳化物对定向凝固和单晶高温合金再结晶的不同作用可能与合金中碳化物的种类以及变形和热处理条件的不同有关。

γ/γ′共晶组织是定向凝固和单晶高温合金铸态组织中常见的第二相粒子,一般分布于枝晶间区域。它们对于再结晶形核的促进作用还未见报道,对于再结晶晶界迁移的阻碍作用因热处理温度和热处理时间的不同而不同。Goldschmidt[4]等在研究单晶 CMSX – 6 合金的再结晶行为时发现,γ/γ′共晶组织、气孔以及初熔区域均会阻碍再结晶晶界的迁移。但 Bürgel[1]等研究单晶 CMSX – 11B 合金再结晶行为时,却没有观察到 γ/γ′共晶组织对再结晶晶界的阻碍作用。参考文献[5]在研究单晶 SRR99 合金再结晶行为时,发现在固溶温度以下进行热处理时,γ/γ′共晶难于溶解,它们的存在会阻碍再结晶晶界的迁移;在固溶温度进行热处理时,实验初期,粗大的 γ/γ′共晶组织会对再结晶晶界推移起阻碍作用,随着保温时间的延长,γ/γ′共晶逐渐溶解,体积变小,再结晶晶界可以绕过 γ/γ′共晶组织,这可能是Bürgel 等未观察到 γ/γ′共晶组织对再结晶晶界阻碍作用的原因。

3.3　变形程度对再结晶的影响

当定向凝固和单晶高温合金的预变形程度满足临界变形量要求且热处理温度高于再结晶温度时,冷塑变区将发生再结晶。再结晶深度与变形程度密切相关。另外,不同的变形方式下,如弯曲、扭转、喷丸(吹砂)等,再结晶的形貌特征与程度的表征方式也不尽相同。本节主要以定向凝固 DZ4 和单晶 SRR99 高温合金为例,介绍三点弯曲、扭转、喷丸和压缩等变形条件下变形程度对定向凝固和单晶高温合金再结晶行为的影响。

3.3.1　弯曲变形量

参考文献[6]采用图 2-8 所示的三点弯曲变形方式,研究了不同变形量对定向凝固 DZ4 高温合金再结晶行为的影响规律。以压头的竖直位移表示试样的变形,当压头在试样中心位置处沿竖直方向以 0.5mm/min 的速率加载,位移量 $S=$ 6.6mm 时,试样发生断裂。分别采用 $0.025S$、$0.05S$、$0.075S$、$0.1S$、$0.2S$、$0.3S$、$0.4S$、$0.5S$ 和 $0.6S$ 的变形量进行变形,对应的变形量分别为 0.165mm、0.33mm、0.495mm、0.66mm、1.32mm、1.98mm、2.64mm、3.3mm 和 3.96mm。试样变形后采用 1220℃/4h 的高温热处理。

变形量为 0.165mm 时,热处理后试样表面的金相组织与未变形热处理后的组织基本相同。变形量为 0.33mm、0.495mm 时,热处理后试样表面未发现明显的再结晶组织,但在试样表面一定深度范围内有细小的网状结构,并且随着变形量的增加这种网状结构越明显。图 3-2 给出了变形量为 0.495mm 时热处理后的组织形貌。根据 Bond[7]等人的研究结果,再结晶的初始阶段并不是形成通常的晶粒状,而是以胞状沉淀的形式发生,进而形成不连续的胞状组织,图 3-2 中所示的网状结构可能是再结晶初始阶段的胞状结构,随着热处理温度的升高和时间的延长,这些细小的网状组织将逐渐形成再结晶组织。

变形量超过 0.66mm 的试样,发生了明显的再结晶,如图 3-3 所示,再结晶层随变形量的增大而变深,其关系如图 3-4 所示。

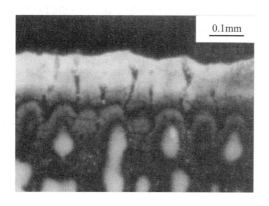

图 3 - 2　定向凝固 DZ4 合金试样三点弯曲变形 0.495mm 后的表面形貌

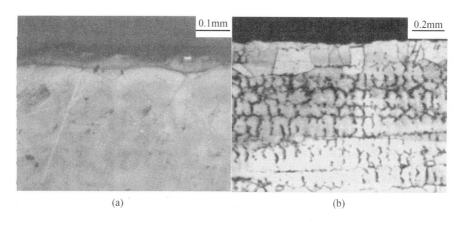

(a)　　　　　　　　　　　　　　　　(b)

图 3 - 3　定向凝固 DZ4 合金不同弯曲变形量下的再结晶组织

（a）0.66mm；（b）2.64mm。

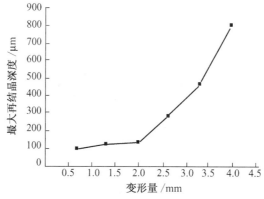

图 3 - 4　定向凝固 DZ4 合金最大再结晶深度和三点弯曲变形量的关系曲线

图 3 – 5 为变形 0.66mm 后的试样形状(其中 176° 是按竖直位移 0.66mm 并结合三点弯曲试样的尺寸计算出来的,这包含试样的弹性变形)。试样基本看不到宏观变形痕迹,而金相组织观察表明,试样的最大再结晶深度高达 100μm。因此,为预防再结晶的发生,在叶片的制造和加工过程中必须严格控制变形量。

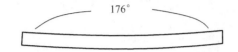

图 3 – 5　定向凝固 DZ4 合金变形 0.66mm 后试样形状示意图

3.3.2　扭转变形量

参考文献[8]采用扭转变形的方式,研究了不同变形量对定向凝固 DZ4 高温合金再结晶行为的影响规律,扭转变形试样如图 3 – 6 所示。首先以 60°/min 的变形速率将两根试样扭断,得到最大扭转变形角度 $\theta=133°$,然后按变形量分组并在 133° 内进行不同的扭转变形。采用的扭转变形量(扭转角)分别为 0.08θ、0.16θ、0.25θ、0.5θ、0.75θ,对应的变形位移(扭转角)分别为 10.6°、21.2°、33.3°、66.5°、99.8°。扭转变形后的试样进行 1220℃/4h 的高温热处理,空冷后切取试片进行组织观察。

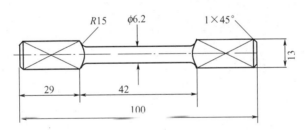

图 3 – 6　定向凝固 DZ4 合金扭转变形试样

扭转变形 0.08θ 时,热处理后的试样表面无明显的再结晶组织,但在试样表面一定深度范围内有细小的网状结构,如图 3 – 7 所示。同三点弯曲变形试样一样,这些细小的网状组织有可能随着热处理温度的升高或时间延长逐渐形成再结晶组织。

扭转变形量为 0.16θ,试样表面出现了明显的再结晶组织,如图 3 – 8 所示。随着扭转变形量的增大,再结晶范围及深度增大,再结晶形貌有所改变,再结晶晶粒逐渐细小,如图 3 – 9 所示。表 3 – 1 给出了不同扭转变形量下产生的最大再结晶深度。

表 3 – 1　定向凝固 DZ4 合金不同扭转变形量下的最大再结晶深度

变形量	0.08θ[①]	0.16θ[①]	0.25θ	0.5θ	0.75θ
最大再结晶深度/μm	—	130	490	1200	2400
① 试样的直径为 5.2mm					

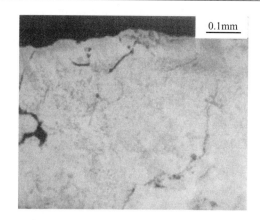

图 3 - 7   DZ4 合金扭转 0.08θ 时的再结晶组织

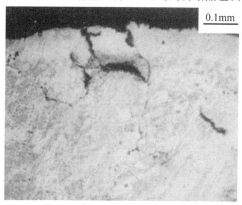

图 3 - 8   DZ4 合金扭转 0.16θ 时的再结晶组织

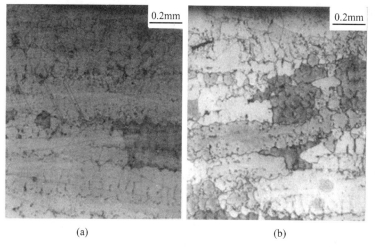

(a)   (b)

图 3 - 9   定向凝固 DZ4 合金不同扭转变形后的再结晶组织

(a) 0.5θ;(b) 0.75θ。

3.3.3　喷丸工艺

在定向凝固和单晶高温合金叶片的制造过程中,不可避免地会存在吹砂过程,吹砂引发的塑性变形基本局限在试样近表层区域,与喷丸变形类似,可利用喷丸工艺来模拟和研究吹砂工艺对定向凝固和单晶高温合金再结晶行为的影响。

将厚度为 2.5mm 的定向凝固 DZ4 合金块状试样的上下两表面进行喷丸,其中喷玻璃丸的气压为 0.1MPa、0.2MPa、0.3MPa,喷钢丸的气压为 0.2MPa、0.3MPa、0.4MPa、0.6MPa。试样喷丸后进行 1220℃/4h 的高温热处理,空冷后切取试片进行组织观察。

对于玻璃丸,喷丸压力为 0.1MPa 时,热处理后的金相组织与未喷丸热处理后的组织基本相同,无明显变化。喷丸压力为 0.2MPa 的试样上尽管也没有明显的再结晶组织,但在其试样表面附近可见一些细小的网状组织,如图 3 - 10(a)所示。随喷丸压力的继续增大,试样表面可见明显的再结晶组织。图 3 - 10(b)给出了喷丸压力为 0.3MPa 时试样表面的再结晶组织形貌,一侧的再结晶深度为 58μm,另一侧的再结晶深度为 70μm,两侧再结晶深度之和为 128μm,约占试样总厚度的 5%。

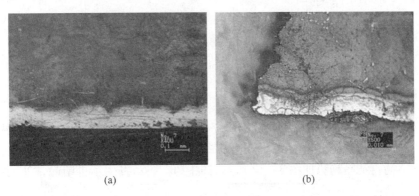

(a)　　　　　　　　　　　　　　(b)

图 3 - 10　定向凝固 DZ4 合金玻璃丸喷丸和热处理后的组织
(a) 0.2MPa; (b) 0.3MPa。

喷丸压力分别为 0.2MPa、0.3MPa、0.4MPa、0.6MPa 的钢丸喷丸试样表面两侧均出现了明显的再结晶。表 3 - 2 给出了不同喷丸压力下的再结晶深度(试样表面两侧再结晶深度之和),可见压力在 0.2 ~ 0.6MPa 之间的钢丸喷丸对定向凝固 DZ4 合金再结晶深度影响不大。

根据喷丸结果,可以推断,在定向凝固高温合金叶片的生产过程中,若由于工艺要求必须进行吹砂或喷丸时,为避免叶片表面出现再结晶,应尽量采用玻璃丸,且喷丸压力应不超过 0.2MPa。

表 3-2   定向凝固 DZ4 合金钢丸喷丸和热处理后的再结晶深度

喷丸压力/MPa	0.2	0.3	0.4	0.6
再结晶深度/μm	226	232	221	239

参考文献[5]利用钢丸喷丸预变形和 1300℃/4h 热处理研究了不同变形量对 SRR99 合金再结晶行为的影响,再结晶深度与喷丸压力的关系曲线如图 3-11 所示。可见,在 0.1~0.4MPa 喷丸气压下,试样表层均形成了明显的再结晶,且随着喷丸压力增大,再结晶层深度逐渐增加。喷丸气压对定向凝固 DZ4 合金和单晶 SRR99 合金再结晶深度的影响趋势不同,可能与喷丸时间以及试样取向有关。

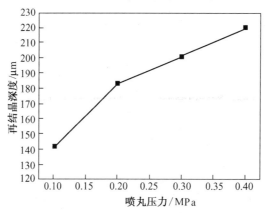

图 3-11   喷丸压力对单晶 SRR99 合金再结晶深度的影响

3.3.4   压缩变形

参考文献[5]利用室温压缩试样研究了单晶 SRR99 合金在不同热处理温度下发生再结晶的临界应变量以及不同应变量下的再结晶形貌。压缩试样在不同热处理温度下的再结晶趋势如图 3-12 所示,图中"R"表示发生了再结晶,"N"表示未

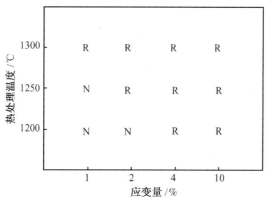

图 3-12   单晶 SRR99 合金室温压缩试样在不同热处理温度下的再结晶趋势

发生再结晶。可见,单晶 SRR99 合金在 1200℃/4h 条件下发生再结晶的临界应变量在 2% ~4% 之间;在 1250℃/4h 条件下发生再结晶的临界应变量在 1% ~2% 之间;在固溶温度(1300℃/4h)条件下发生再结晶的临界应变量小于 1%。很明显,单晶 SRR99 合金发生再结晶的临界应变量取决于热处理温度,随着热处理温度降低,发生再结晶所需的临界应变量逐渐增加。这种现象再次说明了 γ' 相粒子对再结晶的阻碍作用。γ' 相粒子的存在会阻碍位错的迁移,使得再结晶形核困难。随着热处理温度降低,合金中未溶解的 γ' 相粒子增多,对位错的阻碍作用增大,要形成再结晶核心需要更大的驱动力,即需要更大的变形量。

　　压缩试样在 1200℃/4h 条件下形成的再结晶形貌如图 3-13 所示。再结晶晶粒均分布在试样边缘,厚度较浅,应变量为 4% 的压缩试样的最大再结晶厚度约为 8μm,应变量为 10% 的压缩试样的最大再结晶厚度约为 15μm。

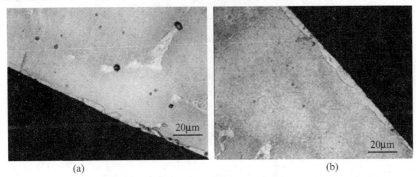

(a)　　　　　　　　　　　　　　　(b)

图 3-13　室温压缩试样在 1200℃/4h 条件下形成的再结晶形貌

(a) $\varepsilon=4\%$；(b) $\varepsilon=10\%$。

　　压缩试样在 1250℃/4h 条件下形成的再结晶形貌如图 3-14 所示。当应变量不超过 4% 时,再结晶晶粒只出现在试样边缘,应变量为 10% 的压缩试样除了在边缘出现再结晶晶粒外,在试样内部局部变形量比较大的区域也出现了再结晶晶粒。再结晶晶粒在试样内部形核时新增的界面要比在表面形核时多,需要有更大的驱动力来克服新增的界面能。因此,相同条件下内部形核所需的临界应变量要比表面形核大得多。试样内部的再结晶晶粒只出现在枝晶杆区域,没有扩展到枝晶间区域,这是因为 1250℃ 不足以使枝晶间粗大 γ' 相和 γ/γ' 共晶相溶解,它们的存在会阻碍再结晶晶界的推移。

　　压缩试样在 1300℃/4h 条件下形成的再结晶形貌如图 3-15 所示。在 1300℃/4h 条件下,应变量为 1% ~10% 的压缩试样均发生了再结晶,各试样的横截面完全被再结晶晶粒所覆盖。应变量不超过 4% 的压缩试样的横截面上,各再结晶晶粒均贯穿试样边缘(图 3-15(a)),说明所有再结晶晶粒都是由表面形核,然后向内部生长的。应变量为 10% 的压缩试样的横截面上可见到被其他再结晶

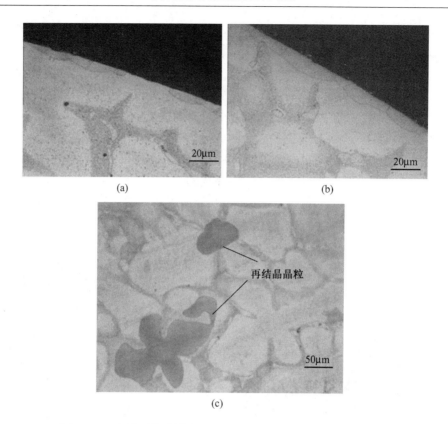

图 3-14　室温压缩试样在 1250℃/4h 条件下形成的再结晶形貌

(a) $\varepsilon = 2\%$; (b) $\varepsilon = 4\%$; (c) $\varepsilon = 10\%$。

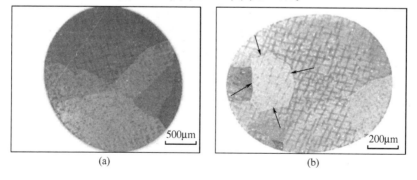

图 3-15　室温压缩试样在 1300℃/4h 条件下形成的再结晶形貌

(a) $\varepsilon = 4\%$; (b) $\varepsilon = 10\%$。

晶粒所包围的晶粒,说明该晶粒是在试样内部形核并长大的(图 3-15(b))。

　　Bürgel[1]等利用室温压缩试样研究了单晶 CMSX-11B 合金在固溶温度下的再结晶行为,有相似的发现:在固溶温度下,CMSX-11B 试样表面发生再结晶的临界应变量小于 1%,而基体内部产生再结晶的临界应变量则大于 10%。应变量大约为 1% 时,再结晶晶粒只出现在试样表面,应变量大约为 2% 时,整个截面都被再结晶晶粒所覆盖,所有晶粒都贯穿试样表面,当应变量大于 10% 时,再结晶晶粒才会在内部形核。

3.4　热处理温度对再结晶的影响

3.4.1　对再结晶厚度的影响

参考文献[6]利用变形量和变形速率相同的三点弯曲试样考察了热处理温度对再结晶的影响。其中变形量为 3.3mm,变形速率为 0.5mm/min,热处理制度分别为 1050℃/4h、1100℃/4h、1150℃/4h 和 1220℃/4h。

表 3-3 给出了定向凝固 DZ4 合金经不同温度热处理后的再结晶深度,再结晶深度—温度关系曲线如图 3-16 所示。可见,在热处理温度不高于 1150℃时,尽管再结晶的深度随热处理温度的升高有所增大,但增大的幅度较小。而温度超过 1150℃后,更确切地说是超过 γ′ 相的溶解温度后,DZ4 合金再结晶的深度迅速增大。

表 3-3　定向凝固 DZ4 合金不同温度下的再结晶深度(热处理保温时间 4h)

温度/℃	1000	1050	1100	1150	1220
再结晶深度/μm	0	4	7	12	430

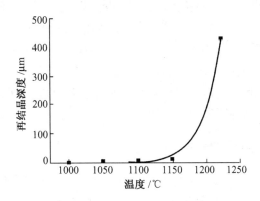

图 3-16　热处理温度对定向凝固 DZ4 合金再结晶深度的影响(热处理保温时间 4h)

参考文献[5]利用喷丸预变形研究了热处理温度对单晶 SRR99 合金再结晶的影响,再结晶深度与热处理温度的关系曲线如图 3-17 所示。从图 3-17 可以看出,保温 4h 条件下,单晶 SRR99 合金开始发生再结晶的温度在 1000~1050℃范围内。随着温度升高,再结晶厚度不断增加,但在不同温度区间,再结晶厚度增加的

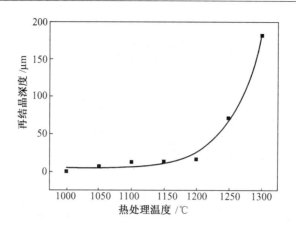

图3-17   热处理温度对SRR99合金再结晶深度的影响(保温4h)

速率存在显著差别。1200℃以下,再结晶厚度随温度升高缓慢增加,当温度高于1200℃时,再结晶厚度随温度升高迅速增加。

定向凝固合金再结晶深度随热处理温度的变化规律与单晶高温合金相似,当热处理温度低于某个温度时,再结晶深度随温度升高缓慢增加,而当热处理温度高于该温度时,再结晶深度随温度升高迅速增加。这主要与铸态 γ′相的溶解有关,铸态 γ′相的溶解是定向凝固和单晶高温合金再结晶的主要控制因素。在再结晶过程中,大量弥散分布的 γ′相粒子从两个方面对再结晶起阻碍作用。一方面,γ′相粒子的存在会阻碍位错运动,使位错难于重排而形成大角度晶界,从而延缓再结晶形核过程;另一方面,在再结晶核心长大过程中,γ′相粒子会阻碍大角度晶界的迁移,从而减缓再结晶晶粒向基体内部的生长速率。当热处理温度低于某个温度时,只有少量的 γ′相发生了溶解,大量的 γ′相粒子大大减缓了再结晶形核过程以及晶界推移速率。当热处理温度高于该温度时,随着温度升高,合金母体中的 γ′相溶解量迅速增加,再结晶形核和晶界推移过程中所遇的阻力大为减小,再结晶形核以及晶界推移迅速加快,再结晶层厚度急剧增加。

3.4.2   对再结晶组织的影响

参考文献[5]利用喷丸预变形研究了热处理温度对单晶SRR99合金再结晶组织的影响。当热处理温度低于1250℃时,再结晶组织不是常见的晶粒状,而是不连续的胞状组织,胞状组织呈扇形扩展,晶胞内含有大量粗大的条状 γ′相,条状 γ′相沿扇形面的半径方向生长,如图3-18所示。

胞状组织中粗大的条状 γ′相与母体中细小的铸态 γ′相在形态和尺寸上均存在明显差异,说明胞状组织中的 γ′相是由母体中铸态 γ′相溶解后重新析出的。再结晶晶界向母体推进过程中,晶界处母体中的 γ′相发生溶解,这种溶解行为为再结

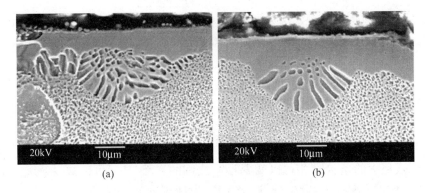

(a)　　　　　　　　　　　　　　　(b)

图 3 - 18　热处理温度低于 1250℃时形成的胞状再结晶组织
(a) 1150℃；(b) 1200℃。

晶晶胞内的粗大条状 γ′ 相的定向生长提供了溶质。由于 γ′ 相的热力学稳定性,再
结晶晶界处母体中 γ′ 相的溶解也必然控制着再结晶晶胞的生长。Oblak[9] 等用选
区衍射的方式研究了胞状再结晶,发现胞状再结晶晶胞内 γ′ 相的位相与母体中 γ′ 相的
位相不同,胞状再结晶晶粒与母体之间的界面是大角度晶界,因此在再结晶晶界前
沿,母体中 γ′ 相的溶解是必然的。他们也认为再结晶晶界处母体中 γ′ 相的溶解是
再结晶速率的控制因素。Porter[10] 等在研究几种不同 γ′ 相含量的镍基高温合金的
再结晶时也发现了胞状组织,他们认为,γ′ 相的溶解和析出完全是由于移动晶界的
高溶解性和高扩散性导致的。再结晶核心在形变组织表面形成,同时其界面向合
金母体中推移,移动界面将其碰到的 γ′ 相溶解,界面很快处于 γ′ 相组成元素的过
饱和状态,这种过饱和状态极不稳定,通过析出粗大条状 γ′ 相得到释放。

　　根据 γ′ 相的形态,胞状组织可以分为三部分:没有条状 γ′ 相产生的表层区域,
条状 γ′ 相比较短小的中心区域,以及条状 γ′ 相比较长的晶界附近区域,分别对应
于图 3 - 19 中区域(1)、区域(2)和区域(3)。再结晶晶粒首先在喷丸表面形核,然
后其晶界向母体畸变区域推移,晶界移动过程中将其碰到的 γ′ 相溶解。初始阶段,
移动晶界所扫过的面积较小,晶界处 γ′ 相组成元素的过饱和度不大,条状 γ′ 相核
心难以形成,所以表层区域没有条状 γ′ 相形成。随着晶界的继续推移,晶界处 γ′

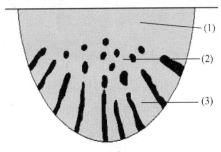

图 3 - 19　胞状再结晶组织示意图

相组成元素的过饱和度逐渐增大,有利于粗大条状 γ′ 相形核并长大。但是,由于此时再结晶驱动力还比较大,晶界的移动速率比较快,Al、Ti 沿晶界的扩散速率跟不上晶界的移动速率,条状 γ′ 相继续长大缺少 Al、Ti 等溶质元素的供应。因此这个阶段形成的条状 γ′ 相比较短小,并且数量较多。随着晶界的进一步推移,晶界的移动速率逐渐降低,Al、Ti 沿着晶界的扩散可以为 γ′ 相的长大不断提供溶质元素,因此,靠近晶界处形成的条状 γ′ 相比较长。

胞状组织中条状 γ′ 相的尺寸要比母体中铸态 γ′ 相的尺寸大很多,从能量角度分析,形成粗大的条状 γ′ 相可以减少 γ/γ′ 之间的界面,从而可以减少系统自由能,有助于再结晶的进行。发生胞状再结晶时,体系自由能变化 ΔG_{RX} 由三部分构成,即

$$\Delta G_{RX} = \Delta G_{mechanical} + \Delta G_{\gamma/\gamma'interface} + \Delta G_{grain\ boundary}$$

其中,$\Delta G_{mechanical}$ 为由于变形储存能释放(位错密度降低)而引起的自由能变化,$\Delta G_{mechanical} < 0$;$\Delta G_{\gamma/\gamma'\ interface}$ 为 γ/γ′ 界面能的变化,$\Delta G_{\gamma/\gamma'interface} < 0$;$\Delta G_{grain\ boundary}$ 为由于大角度晶界产生而引起的界面能增加,$\Delta G_{grain\ boundary} > 0$。

图 3-20 所示为 1250℃ 保温 4h 后形成的再结晶组织。再结晶以完整晶粒的形式发生,再结晶晶粒均位于枝晶杆区域,晶界的迁移止于枝晶杆与枝晶间的界面处(图 3-20(a)),晶粒内 γ′ 相以细小的粒子状弥散地分布在 γ 基体中,晶粒内未见条状 γ′ 相(图 3-20(b))。1250℃ 下,枝晶杆区域的细小 γ′ 相已基本全部溶解,再结晶晶粒在喷丸表面的枝晶杆区域形核,然后沿枝晶杆生长,由于晶界推移过程中需要溶解的 γ′ 相很少,晶界处 γ′ 相组成元素的过饱和度很小,粗大条状 γ′ 相难以形核。1250℃ 下,枝晶间区域的粗大 γ′ 相和 γ/γ′ 共晶相只有少量溶解,当再结晶晶界推移到枝晶间区域时,这些粒子的存在阻碍了晶界的进一步迁移。

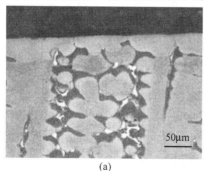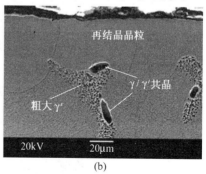

(a)　　　　　　　　　　　　　(b)

图 3-20　1250℃ 保温 4h 后形成的再结晶组织

(a) 低倍形貌;(b) 高倍形貌。

图 3-21 所示为 1300℃ 保温 4h 后形成的再结晶组织。再结晶层由完整的再结晶晶粒构成,晶粒内可见退火孪晶(图 3-21(a))。退火孪晶是在再结晶过程中

因晶界迁移出现层错形成的。面心立方金属晶界迁移时,{111}面正常的堆垛顺序为 ABCABCA……。但如果晶界处{111}面某层原子偶然错排,则会造成层错,即出现一共格孪晶界。如果孪晶界面能远小于一般大角晶界能,该层错就稳定下来成为孪晶核心而随大角晶界的移动而长大。在长大过程中,如果原子在{111}面再次错排,恢复原来正常堆垛次序,则又形成一个孪晶界,两孪晶界间出现一个孪晶。层错能越低的金属,越容易出现退火孪晶。镍基高温合金的层错能较低,再结晶过程中比较容易形成退火孪晶。

1300℃保温 4h 后,再结晶晶粒和母体内 γ' 相均以细小的立方体状弥散地分布在 γ 基体中(图 3 – 21(b))。1300℃是单晶 SRR99 合金的固溶温度,在此温度下,铸态 γ' 相和 γ/γ' 共晶相几乎全部固溶,形成由过饱和 γ 固溶体组成的单相合金,再结晶晶粒以及母体均由 γ 相单相构成,在随后的冷却过程中,再结晶晶粒和母体中 γ' 相以细小的立方体状均匀析出,弥散分布在 γ 基体中。

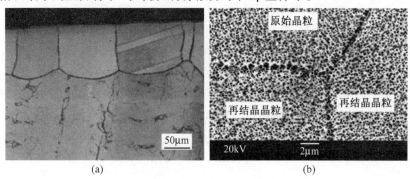

图 3 – 21　1300℃保温 4h 后形成的再结晶组织
(a) 低倍形貌；(b) 高倍形貌。

卫平[11]等对某镍基单晶高温合金的表面再结晶进行研究时有相似的发现。他们发现,再结晶方式与退火温度有关,在铸态 γ' 相溶解温度以下,再结晶以不连续的胞状形式发生;在此温度以上,再结晶以完整晶粒的形式发生。

因此,1000~1050℃范围内的再结晶温度只能视为大多数镍基定向凝固与单晶高温合金开始发生再结晶的初始温度。定向凝固与单晶高温合金发生再结晶的工程温度应近于 γ' 相的溶解温度。

3.5　保温时间对再结晶的影响

3.5.1　对再结晶厚度的影响

参考文献[6]利用三点弯曲变形和1100℃热处理,研究了保温时间对定向凝固 DZ4 合金再结晶的影响,再结晶深度与热处理保温时间的关系曲线如图 3 - 22 所示。可见,随着保温时间的延长,再结晶深度增大趋势渐缓,如保温 24h 和保温 32h 的再结晶深度基本相同,约为 $12\mu m$。

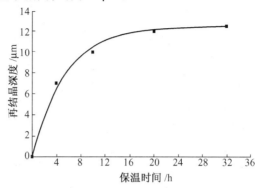

图 3 - 22   热处理保温时间对定向凝固 DZ4 合金再结晶深度的影响

参考文献[12]利用喷丸试样研究了 1300℃ 和 1250℃ 下热处理保温时间对单晶 SRR99 合金再结晶的影响,再结晶深度与热处理保温时间的关系曲线如图 3 -23所示。可见,在 1300℃(固溶温度)进行热处理时,喷丸试样在 2min 内已经完成了再结晶形核过程,随着时间的推移,再结晶晶界沿着表面变形层迅速向基体内推移。保温 1h 后,再结晶晶界向基体的推移过程已经基本完成。这个结果与Bond[7]等在相似研究中所观察到的结果一致。在 1250℃ 进行热处理时,再结晶晶界向基体的推移速率要慢很多,保温 12h 后,再结晶晶界向基体的推移过程才基本结束。

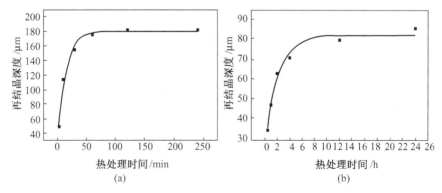

图 3 - 23   热处理时间对 SRR99 合金再结晶深度的影响
(a) 1300℃;(b) 1250℃。

单晶 SRR99 合金在 1300℃ 下的再结晶速率要比 1250℃ 下快很多,第一个原因是,随着温度升高原子扩散能力增强,位错迁移速率加快,再结晶形核和晶界迁移速率加快;另一个主要原因是,在 1300℃ 进行热处理时,γ' 相很快全部溶解,形成由

过饱和 γ 固溶体组成的单相合金,γ′相粒子对再结晶形核和晶界迁移的阻碍作用很小。而在 1250℃ 进行热处理时,γ′相溶解速率较慢,γ′相粒子的存在会大大减缓再结晶形核过程和晶界迁移速率。

初次再结晶是通过再结晶晶核的形成及其生长来完成的,这一过程受到形核率和线生长速率的影响。Johnson 和 Mehl,Avrami 分别于 1939 年和 1940 年提出了用于描述固态相变动力学和再结晶动力学的 Johnson-Mehl-Avrami 方程(JMA 方程):

$$X_r = 1 - \exp(-Kt^n) \tag{3-1}$$

式中:X_r 为再结晶体积分数;t 为再结晶时间;K 为常数;n 为 Avrami 指数。对上式两边取对数可得

$$\lg\ln\frac{1}{1-X_r} = \lg K + n\lg t \tag{3-2}$$

对于单晶高温合金表面再结晶而言,X_r 可以表示成 $R(t)/R_f$,$R(t)$ 是保温时间为 t 时的再结晶层厚度,R_f 为保温无限长时间后最终的再结晶层厚度,则式(3-2)可写成

$$\lg\ln\{1/[1-R(t)/R_f]\} = \lg K + n\lg t \tag{3-3}$$

单晶 SRR99 合金喷丸试样在 1300℃ 和 1250℃ 下进行热处理时再结晶体积分数随时间的变化曲线如图 3-24 所示。根据式(3-3),可以得出 $\lg\ln\{1/[1-R(t)/R_f]\}$ $-\lg t$ 关系图(图 3-25)。可以看出,在 1300℃ 和 1250℃ 两种温度下 $\lg\ln\{1/[1-R(t)/R_f]\}$ 与 $\lg t$ 都具有良好的线性关系,说明 JMA 方程可以较好地描述单晶 SRR99 合金喷丸试样的再结晶动力学过程。拟合方程如下:

$$1300℃:\lg\ln\{1/[1-R(t)/R_f]\} = -0.75 + 0.71\lg t \tag{3-4}$$

$$1250℃:\lg\ln\{1/[1-R(t)/R_f]\} = -1.14 + 0.59\lg t \tag{3-5}$$

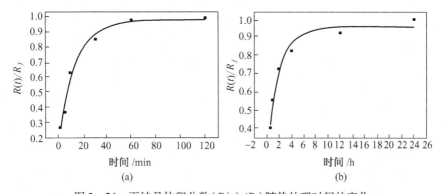

图 3-24　再结晶体积分数 ($R(t)/R_f$) 随热处理时间的变化

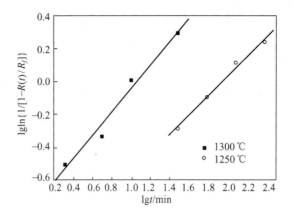

图 3 - 25　$\lg\ln\{1/[1-R(t)/R_f]\}$ - $\lg t$ 关系图

一般来说,再结晶包括两个过程,即再结晶晶核形成和晶粒长大的晶界移动,这两个过程都是热激活过程,二者的激活能分别是 Q_N 和 Q_V,通常情况下,激活能 Q_N 和 Q_V 基本相等,故用 Q_r 统一表示再结晶激活能。再结晶速率 v_r 与温度 T 的关系可按 Arrhenius 方程来确定,即

$$v_r = A\exp(-Q_r/RT) \qquad\qquad (3-6)$$

式中: Q_r 为再结晶激活能;R 为气体常数(8.3145J/mol·K);A 为常数;T 为热力学温度。考虑到再结晶速率与产生一定量再结晶体积分数所需时间 t 成反比,则

$$1/t = A'\exp(-Q_r/RT) \qquad\qquad (3-7)$$

根据不同温度下完成相同再结晶分数所需时间的比值就可以得到材料的再结晶激活能:

$$\frac{t_1}{t_2} = \exp\left[-\frac{Q_r}{R}\left(\frac{1}{T_2}-\frac{1}{T_1}\right)\right] \qquad\qquad (3-8)$$

由式(3-4)和式(3-5)可以计算出 1300℃ 和 1250℃ 下完成 0.5 的再结晶体积分数所需的时间分别为 6.8min 和 45.7min。由式(3-8)可以计算出单晶 SRR99 合金的再结晶激活能为 759kJ/mol。

单相镍基合金的再结晶激活能 Q_{Ni} 约为 273kJ/mol,单晶 SRR99 合金的再结晶激活能要比该值高很多,这可能与再结晶过程中存在第二相粒子 γ′ 有关。参考文献[12]中提到的 Zener 夹杂假设认为:由于第二相粒子对界面的钉扎,界面迁移的激活能应是温度的函数,不同粒子在不同温度处于不同的稳定状态,故不同再结晶温度下的 Q_r 值也不相同。当单晶 SRR99 合金在亚固溶状态下发生再结晶时,γ′ 相没有完全溶解,再结晶速率受晶界前沿 γ′ 相的溶解速率控制。γ′ 相的稳定性取决于温度,随着温度升高,γ′ 相稳定性减弱,溶解速率加快,对界面移动的阻力减小,再结晶激活能减小,再结晶速率加快。以上计算得到的 Q_r 值实际上由两部分组成,一部分为单相镍基合金的激活能 Q_{Ni},另一部分为摆脱 γ' 相粒子的钉扎作用所需激活能 $Q_{\gamma'}$,即 $Q_r = Q_{Ni} + Q_{\gamma'}$。只有当温度升至 γ' 相完全溶解温度以上时,此时的激活能才表现为再结晶过程的真实激活能 Q_{Ni}。

3.5.2　再结晶组织的演变规律

参考文献[13]利用喷丸预变形研究了固溶温度下单晶 SRR99 合金试样喷丸表面以及纵截面方向上的再结晶组织变化。观察喷丸表面的再结晶组织时,为了减少再结晶层的损耗,直接用 2000#细砂纸对喷丸表面进行精磨,然后抛光。

图 3 - 26 所示为 1300℃ 下保温不同时间后喷丸表面的再结晶形貌。在 1300℃ 保温 1min 后,枝晶杆区域已经出现了许多再结晶晶粒(图 3 - 26(a))。由于枝晶杆区域细小 γ' 相比枝晶间区域粗大 γ' 相和 γ/γ' 共晶相的溶解速率快,而 γ' 相粒子的存在会阻碍再结晶形核,所以再结晶晶粒易在枝晶杆区域形核。当再结晶晶核形成之后,就会自发、稳定地生长,其界面沿着喷丸表面向畸变区域推进。由于枝晶杆区域 γ' 相溶解快,晶界迁移阻力小,所以再结晶晶核首先在枝晶杆区域生长。随着枝晶间区域 γ' 相的溶解,再结晶晶粒的晶界会穿过枝晶间区域而继续长大,直到初次再结晶完成,整个表面完全由再结晶晶粒所覆盖(图 3 - 26(b))。

(a)　　　　　　　　　　　　(b)

(c)

图 3 - 26　单晶 SRR99 合金 1300℃ 保温不同时间后喷丸表面的再结晶形貌

(a)保温 1min;(b)保温 20min;(c)保温 1h。

初次再结晶过程的驱动力是变形储存能的释放。随着保温时间延长,再结晶晶粒之间相互吞食而进一步长大(图3-26(c))。再结晶晶粒长大过程的驱动力是晶粒长大前后总的界面能差。细晶粒的晶界多,界面能高,粗晶粒的晶界少,界面能低,细晶粒长大成为粗晶粒是使合金自由能下降的自发过程。单晶SRR99合金喷丸表面的再结晶过程与普通合金的再结晶过程相似,经历了再结晶形核→再结晶晶核的长大→初次再结晶完成后再结晶晶粒之间相互吞食而继续长大三个阶段。图3-27为单晶合金喷丸表面再结晶组织演变过程的示意图。

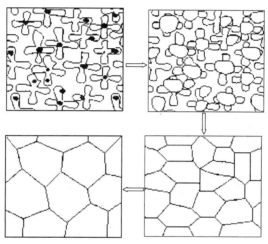

图3-27   喷丸表面再结晶过程示意图

图3-28所示为1300℃下保温不同时间后喷丸试样纵截面上的再结晶形貌。可以看出,再结晶晶粒首先在喷丸表面形核,然后沿变形层向基体内生长。保温2min条件下,再结晶晶粒均位于枝晶杆区域,再结晶晶界的迁移止于枝晶杆与枝晶间的界面处,晶界弯曲不平(图3-28(a))。由于枝晶杆区域的γ′相更易溶解,所以再结晶晶粒首先在喷丸表面的枝晶杆区域形核,然后沿着枝晶杆长大。枝晶间区域的粗大γ′相和γ/γ′共晶相溶解速率较慢,保温2min条件下还没大量溶解,它们的存在阻碍了再结晶晶界向枝晶间区域迁移(图3-28(b))。随着保温时间延长,枝晶间的粗大γ′相和γ/γ′共晶相逐渐溶解,再结晶晶界可穿过枝晶间区域而继续向基体内迁移。保温5min后,再结晶晶界已穿过枝晶间区域,再结晶层厚度明显增加(图3-28(c))。再结晶晶界在枝晶间区域推移时,可能会遇到未完全溶解的共晶组织,随着共晶组织部分溶解而体积变小,在驱动力的作用下,再结晶晶界可绕过共晶组织而继续向前扩展(图3-28(d))。随着保温时间的进一步延长,再结晶晶界继续向畸变区推移,直到所有超过临界变形程度的区域被消耗掉。保温1h后,再结晶晶界向基体的推移过程已基本结束,各再结晶晶粒的厚度比较

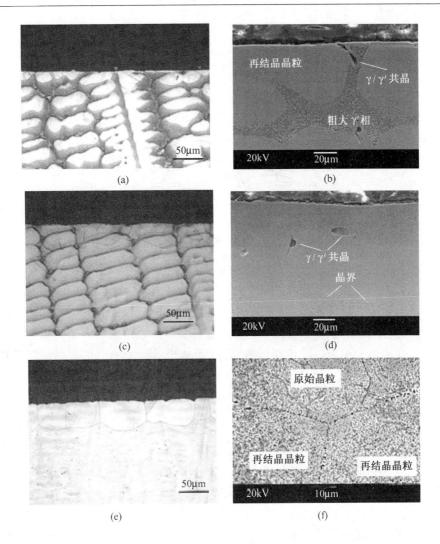

图 3 - 28　1300℃保温不同时间后纵截面上的再结晶形貌
(a),(b) 保温 2min；(c),(d) 保温 5min；(e),(f) 保温 1h。

均匀一致(图 3 - 28(e))，再结晶晶粒和原始晶粒内的 γ′ 相均以立方状弥散分布
(图 3 - 28(f))。1300℃保温 1h 条件下，铸态 γ′ 相已基本完全溶解，γ/γ′ 共晶相也
大量溶解，形成由 γ 相组成的单相合金，再结晶晶粒以及母体均由 γ 相单相构成，
在随后的冷却过程中，再结晶晶粒和母体中 γ′ 相以细小的立方体形状弥散地分布
在 γ 相基体中。

1300℃下再结晶晶粒沿喷丸变形层向基体内部的生长过程如图 3 - 29 所示。
再结晶晶粒首先在喷丸表面的枝晶杆区域形核，然后沿着枝晶杆向内生长。随着
枝晶间 γ′ 相的溶解，再结晶晶界会穿过枝晶间区域而继续向内部迁移，最后形成厚

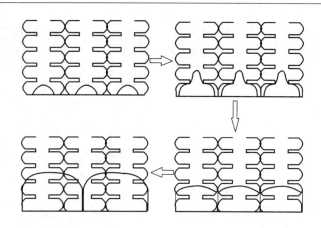

图 3 - 29   再结晶晶粒向基体内部生长过程示意图

度比较均匀的再结晶层。再结晶晶粒向基体内部生长的同时,其在平行于喷丸表面的横截面方向也在不断长大。

单晶合金喷丸试样在再结晶过程中,再结晶晶粒只在表面形核,然后沿着变形层长大。这种表面形核现象与以下三个因素有关。

(1) 在表面形核可以减少新增界面,从而减少界面能的增加。再结晶形核过程中,一方面由于低位错密度结构的形成使自由能降低;另一方面由于生成的新核与基体的界面又使自由能升高。形成一个新核时系统自由能的变化 ΔG 为

$$\Delta G = V\Delta G_v + A\gamma \tag{3 - 9}$$

式中:ΔG_v 为变形基体与新生晶核之间的自由能差;V 为新生晶核的体积;A 为新增界面积;γ 为界面能。从式(3 - 9)可以看出,新晶核的形成使界面增加,在同样条件下,自由表面的存在使新核形成增加的界面减少,因此更容易形核。

(2) 喷丸处理后,试样表层存在一个变形层,该变形层内,越靠近表面硬度值越大。硬度的增加主要是由于位错密度的增加所引起的,在整个变形层内,试样表面的位错密度最大,其相应的变形储存能最高,所以再结晶形核最容易在表面发生。

(3) 高温热处理过程中表面氧化的影响。尽管参考文献[13]的热处理是在石英玻璃管真空封装条件下进行的,但是仍不可避免存在一定程度的表面氧化。在热处理过程中,表层 Al、Ti 等亲氧性元素会向表面迁移与氧结合,从而在表层会形成一个 Al、Ti 等元素的贫化层。贫化层的成分与内部基体存在差异,主要表现在两方面:一是贫化层内 γ 相中的溶质元素的含量要低于内部基体中 γ 相中的溶质元素的含量,并且越靠近表面,溶质元素的含量越低;二是贫化层内 γ' 相含量减少,Al 和 Ti 是 γ' 相的组成元素,由于它们向表面迁移与氧结合,从而使得贫化层内 γ' 相粒子减少,越接近表面,γ' 相所占的比例就越低。贫化层内溶质元素含量的降低

以及 γ' 相粒子的减少均有利于再结晶形核的产生。

3.6　变形速率对再结晶的影响

图 3-30 给出了定向凝固高温合金不同变形速率下的再结晶组织。变形速率对 DZ4 合金再结晶的深度影响不大,对再结晶产生的范围有较大的影响。例如变形速率为 0.1mm/min 的试样在图 3-30(a)所示区域外的很大范围内,均有一定程度的再结晶,其深度与图 3-30(a)中的再结晶程度相差不大。变形速率为 0.25mm/min 和 1mm/min 的试样在图 3-30(b)和图 3-30(c)两侧外也均有一定程度的再结晶,但范围较变形速率为 0.1mm/min 的试样小。而变形速率为 2mm/min 的试样,除图 3-30(d)所示的再结晶区域外,基本上看不到明显的再结晶区域。

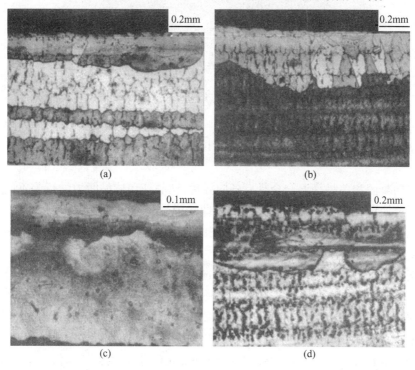

(a)　　　　　　　　　　　　(b)

(c)　　　　　　　　　　　　(d)

图 3-30　定向凝固 DZ4 合金不同变形速率下的再结晶
(a) 0.1mm/min; (b) 0.25mm/min; (c) 1mm/min; (d) 2mm/min。

随着变形速率的增大,再结晶的产生易于局部化,这是由于晶粒之间的协调变形随应变速率的增大变得相对困难,形变易于局部化。而定向凝固高温合金由于柱状晶杆、枝晶杆和枝晶间等性能的各向异性,变形更难协调一致。因此,随着变形速率的增大,定向凝固高温合金的变形更难协调一致,形变的局部化导致了定向凝固 DZ4 合金的再结晶具有明显的局部化倾向。

定向凝固 DZ4 合金再结晶局部化最典型的形貌如图 3 - 31 所示,大部分区域的再结晶深度在 5 ~ 10μm,局部区域的再结晶深度达 50μm 以上,且这种大深度的再结晶变化较突然,使深度较大的再结晶区域更像夹杂或其他冶金缺陷。

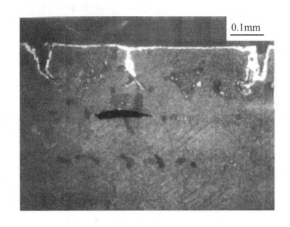

0.1mm

图 3 - 31　定向凝固 DZ4 合金再结晶局部化典型形貌

3.7　变形保持时间对再结晶的影响

定向凝固和单晶高温合金具有各向异性,枝晶杆和枝晶间力学行为不同,在变形时不能协调一致,具有弹性滞后效应,即滞弹性。在三点弯曲试验时,以一定的变形速率变形到某一变形量,并保持不同的时间,可考察不同保持时间即滞弹性对定向凝固 DZ4 合金再结晶行为的影响。

定向凝固 DZ4 合金在变形量达 3.3mm 时(变形速率 0.5mm/min),分别保持 2s、5s、10s 和 20s,并经 1220℃/4h 热处理后的表面再结晶形貌如图 3 - 32 所示。尽管保持时间对 DZ4 合金的再结晶深度影响不大,但对再结晶形貌却有很大的影响。不带保持时间和保持时间较短时,热处理后的再结晶晶粒较小。随着保持时间的增大,再结晶晶粒明显增大。尤其是当保持时间增大为 20s 时,一个再结晶晶粒的平直晶界达 200μm 以上。

定向凝固 DZ4 合金三点弯曲变形过程中,在一定变形量下随着保持时间的增大热处理后再结晶晶粒尺寸明显增大这一现象与再结晶晶粒的形成和长大有关。当再结晶完成后,形成新的、细小的、无畸变的等轴晶粒。继续加热或等温下保温会发生晶粒长大,晶粒的长大有两种形式:正常晶粒长大和反常晶粒长大。

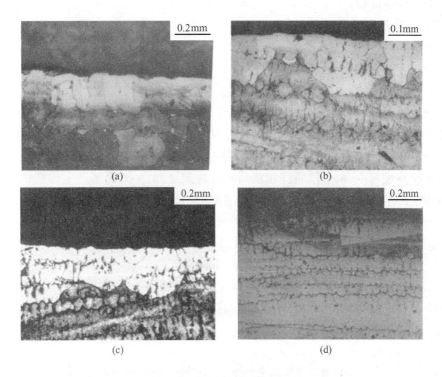

图 3 – 32　保持时间对定向凝固 DZ4 合金再结晶的影响
（a）2s；（b）5s；（c）10s；（d）20s。

1. 正常晶粒长大

金属材料再结晶后晶粒的大小取决于形核率 N 和长大速度 G，对于一般的金属材料，再结晶晶粒 d、形核率 N 以及长大速度 G 有如下关系：

$$d = C(G/N)^{0.25} \qquad (3-10)$$

式中：C 为常数（当晶粒为球形，C = 1.3，晶粒为立方形，C = 1.15）。

由式（3 – 10）可知，当形核率 N 大、长大速度 G 小时，再结晶后获得的晶粒细小，相反，获得较粗大的晶粒。影响再结晶后晶粒大小的主要因素有变形程度、热处理温度、原始晶粒大小和杂质元素。对于相同的材料和热处理温度，再结晶后的晶粒大小主要与变形程度即变形量有关。当变形程度较小时，塑性冷变形的储能较少，只能在少数局部区域满足形核的能量条件，从而只能形成少量的核心并长大，最后形成新的粗大的再结晶晶粒。

定向凝固 DZ4 合金在一定弯曲变形量下保持时，尽管塑性变形的范围基本不变，但由于弹性滞后效应以及柱状晶杆、枝晶杆和枝晶间变形的逐渐协调，使塑性变形区的变形程度减小，塑性变形储能减少，从而使少量再结晶形核、长大并形成粗大的再结晶晶粒。

2. 再结晶晶粒的反常长大

再结晶晶粒的反常长大是在一定条件下，少数晶粒择优生长，逐渐吞并周围的小晶粒，从而形成粗大的晶粒。在这种不均匀长大的过程中，少数择优生长的晶粒相当于核心，吞并其他晶粒而长大，因此这一过程也称之为二次再结晶。

发生反常晶粒长大或二次再结晶的基本条件是存在稳定基体、有利晶粒和高温加热。对于定向凝固 DZ4 合金，随保持时间的增大再结晶晶粒粗大，这一现象应主要与存在了稳定的基体和有利的再结晶晶粒有关。定向凝固 DZ4 合金在一定变形下的保持过程中，由于枝晶杆和枝晶间的协调变形，一方面易产生形变织构，形变织构使再结晶时的晶粒位向接近、位向差变小，界面迁移率降低，从而阻碍大部分晶粒的长大；另一方面，使局部有利于变形的区域缺陷密度增高，一次再结晶后少数晶粒具有有利的位向和有利的能量，容易长大。在长大过程中，逐渐吞并周围小的不易长大的晶粒，从而形成粗大的再结晶晶粒。

结合前面有关变形量对定向凝固 DZ4 合金再结晶的影响，其在带保持时间的情况下的再结晶晶粒长大可能与再结晶晶粒的正常长大关系不大，而主要应与再结晶晶粒的反常长大有关。

3.8　变形温度对再结晶的影响

定向凝固和单晶合金叶片在制造过程中，除了在室温下可能会因为吹砂、打磨等工艺而产生表面变形外，在凝固和冷却过程中也可能会因为在模壳中产生凝固应力而导致表面变形，从而在随后的固溶处理过程中发生再结晶。

参考文献[5]利用高温压缩试验模拟凝固和冷却过程中的高温变形，研究了单晶 SRR99 合金高温压缩试样在不同热处理温度下的再结晶趋势，对比室温压缩试样，分析了变形温度对单晶 SRR99 合金再结晶的影响。

单晶 SRR99 合金 1000℃ 压缩试样在不同热处理温度下的再结晶趋势如图 3-33 所示，图中"R"表示发生了再结晶，"N"表示未发生再结晶。在 1200℃/4h 条件下 1000℃ 压缩试样发生再结晶的临界应变量在 1% ~2% 之间。当热处理温度 ≥1250℃ 时，1000℃ 压缩试样发生再结晶的临界应变量均小于 1%。对比图 3-12 所示的室温压缩试样的再结晶趋势可知，单晶 SRR99 合金在高温下发生塑性变形后在随后的热处理过程中更容易发生再结晶。

通常可以认为，合金在高温下发生塑性变形时，由于动态回复作用使部分变形储存能得以释放，减少再结晶驱动力，从而使再结晶变得困难。单晶 SRR99 合金的再结晶行为显然不符合该规律，这可能与合金中存在大量弥散分布的 γ′ 相粒子

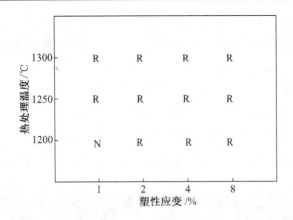

图 3 - 33　1000℃压缩试样在不同热处理温度下的再结晶趋势

有关。第二相粒子对再结晶的影响通常表现在三个方面:①在塑性变形过程中,粗大的粒子周围塞积有高密度的位错,造成储存能增加,再结晶驱动力增大,成为有利于再结晶形核的位置;②尺寸和间距都较小的粒子会阻碍再结晶形核以及晶界的迁移;③在塑性变形过程中,第二相粒子的存在会使变形储存能增加,从而使再结晶驱动力增大。单晶高温合金铸态组织中,枝晶间区域存在粗大的 γ′相和 γ/γ′共晶相,但是,还没有研究发现它们会成为再结晶形核的位置,所以第一个作用可以忽略。在低于固溶温度条件下进行热处理时,没有溶解的 γ′相粒子会对再结晶起阻碍作用。单晶 SRR99 合金高温压缩试样比室温压缩试样更容易发生再结晶,这种现象主要与第二相粒子的第三种作用有关。第二相粒子的第三种作用主要取决于第二相粒子与基体之间的相对强度。在第二相粒子不易变形的情况下,位错往往以绕过机制经过第二相粒子,变形材料中的位错密度可能会增加几个数量级;在第二相粒子可随基体一起变形情况下,位错可直接切过第二相粒子,总体的位错密度会低很多。位错密度决定了储存能的大小,也就是再结晶驱动力的大小。在单晶高温合金中,γ′相粒子和 γ 基体的相对强度随着温度的变化而不同。单晶高温合金优异的高温强度主要来源于 γ′相粒子的强化作用。γ′相的强度随着温度的升高而增大,大约在 900℃ 达到其最大值,然后随着温度的升高又逐渐降低[14],但基体 γ 相的强度随温度升高一直降低。Ni_3Al 在室温下的流变应力大约为 150MPa[15],而单晶 SRR99 合金在室温下的屈服应力远大于 150MPa。1000℃时,Ni_3Al 的流变应力为 800MPa 左右,而 γ 基体的流变应力 150MPa 左右[16]。因此可以认为,室温下 γ′相粒子随基体一起变形,而 1000℃下 γ′相粒子不发生变形。单晶 SRR99 高温合金在高温下发生塑性变形时,位错主要以绕过机制经过 γ′相,位错密度更高,再结晶驱动力更大。

　　图3-34所示为不同温度下压缩试样的位错组态,应变量均为4%。在室温压缩试样中,可以观察到位错剪切γ′相的现象,在局部区域γ/γ′界面上有位错网覆盖,γ/γ′界面上的位错网是由两组$(a/2)<110>\{111\}$位错相互交截而形成的。在1000℃压缩试样中,一个明显的特征是位错以堆垛层错的方式切入γ′相,γ/γ′界面上有明显的位错网结构。对比图3-34(a)和图3-34(b),可以看出,高温压缩试样的位错密度要比室温压缩试样的位错密度高。相同的应变条件下,高温压缩试样的储存能更高,再结晶驱动力更大,在随后的热处理过程中更容易发生再结晶。

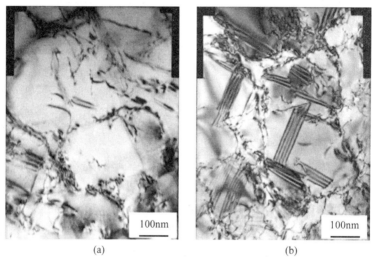

(a)　　　　　　　　　　　　　　(b)

图3-34　应变量为4%的压缩试样的位错组态

(a) 室温压缩;(b) 1000℃压缩。

3.9　热处理气氛对再结晶的影响

　　对于定向凝固和单晶高温合金,铸态γ′相的溶解是控制其再结晶的关键因素。在高温下进行热处理时,难于避免受到高温氧化作用的影响,试样表层Al、Ti等亲氧性元素会向表面迁移与氧结合,而Al和Ti是γ′相的组成元素,从而导致试样表层γ′相粒子减少,有利于再结晶的形核和晶界的迁移。

　　参考文献[5]利用喷丸预变形研究了氧化作用对于单晶SRR99合金再结晶程度的影响,结果如图3-35所示。可以看出,1300℃下氧化作用对再结晶的影响不明显,再结晶厚度仅增加了约2%,随着热处理温度下降,氧化作用对再结晶的影响逐渐增大,1250℃条件下氧化作用使再结晶厚度增加了约20%,而1200℃条件

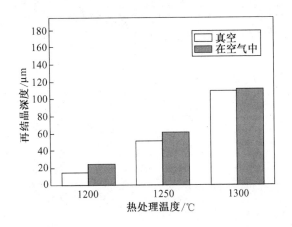

图 3 – 35　热处理气氛对再结晶的影响

下氧化作用使再结晶厚度增加了约 60% 。在固溶温度下,由于 γ′相溶解比较快,氧化作用对再结晶的促进作用不明显,随着热处理温度下降,γ′相溶解逐渐变得困难,合金母体中的 γ′相粒子逐渐增多,γ′相对于再结晶的阻碍作用逐渐增大,高温氧化对再结晶的促进作用也就越显著。

　　谢光等人[17]研究了热处理气氛对某定向凝固高温合金再结晶的影响,结果显示,在空气中进行热处理时形成的再结晶厚度明显大于在真空中进行热处理时形成的再结晶厚度。他们认为,氧化作用导致了表层 γ′相的溶解,减少了再结晶形核和晶界迁移的阻力,有助于再结晶的进行。谢光等人的研究是在低于 γ′相固溶温度下进行的,在该温度下,γ′相溶解较慢,表面氧化作用可以促进 γ′相的溶解,加快再结晶的进行。因此,在空气中形成的再结晶厚度明显大于真空形成的再结晶厚度。

　　根据以上研究可知,高温氧化对定向凝固和单晶高温合金再结晶的影响因热处理温度的不同而不同,在固溶温度下影响较小,随着温度降低,对再结晶的促进作用逐渐明显。

3.10　不同工艺对再结晶的影响

　　任何金属材料经过一定量的冷塑变后,在高温下均会发生再结晶现象,这一规律适用于等轴晶、柱晶和单晶合金,如表 3 – 4 所列。因而,定向凝固和单晶高温合金制件在制造装配的整个过程中,如不严加控制变形量,在高温下发生回复和再结晶是可能的。在这个过程中,形变织构全部或部分地被新晶粒所取代,再结晶织构会体现定向形核与长大机制。

表3－4　各种合金在不同处理条件下产生的再结晶情况[18]

合金	结晶形式	表面机械处理	加热条件	再结晶深度（平均）/μm
ЖС6У	等轴晶	吹砂 振动抛光	1210℃/4h	75 35
ЖС6Ф	单晶	吹砂 吹砂＋抛光 吹砂＋1230℃,1h＋抛光 吹砂	1230℃/1h 1200℃/0.5h 1200℃/0.5h 1130℃/0.5h	30 34 102 0
MAR-M247LC	柱状晶	吹砂（重） 吹砂（轻） 电火化加工	1230℃/2h	40 25 0
454 合金	单晶	吹砂（重） 吹砂（轻） 电火化加工	1285℃/4h	200 70 100
DZ22	柱状晶	吹砂	1210℃/2h	40
DZ125	柱状晶	吹砂,机械抛光	1180℃/2h ＋1230℃/3h ＋…	50
MAR-M002 （无 Hf、B、Zr）	单晶	吹砂＋打刻 （V 形槽,负荷 150kg/mm）	1300℃/4h	170

3.11　再结晶的物理本质

定向凝固和单晶高温合金经冷塑变后,在热力学上是不稳定的,在热激活的作用下,将发生一系列的微观组织变化,如回复和再结晶,从而转变为能量较低的、热力学相对较稳定的组织状态。若预变形程度未达到形成再结晶的临界变形程度,则发生回复,反之则在达到临界变形量的区域发生再结晶。经过冷变形的定向凝固和单晶高温合金在加热过程中,储存的畸变能就是发生回复和再结晶的驱动力。再结晶结束后晶粒通过相互吞噬而继续长大,使总的晶界面积减小,能量进一步降低。

冷变形且达到临界变形程度的定向凝固和单晶高温合金在加热过程中,当达到一定温度时发生再结晶,初始形成的再结晶组织并不是通常的晶粒状,而是不连续的胞状组织,晶胞内有粗大的条状 γ' 相,这种粗大的条状 γ' 相与铸态组织中的

γ′相的形态明显不同。随着温度的升高,枝晶杆区域位相较为接近胞状组织的界面逐渐迁移形成再结晶晶粒,在此温度下热处理,冷却后胞状组织中粗大 γ′相之间也析出一些十分细小的 γ′相,再结晶晶粒内析出的 γ′相则细小均匀。随着温度的进一步升高,胞状组织逐渐转变为再结晶组织,并且再结晶晶粒逐渐聚集长大,最终实现高能的冷变形畸变组织向低能态的再结晶组织的转变。

在定向凝固和单晶高温合金的再结晶过程中,γ′相形态发生了两次显著的变化,第一次是由铸态的 γ′相转变为胞状组织中粗大的 γ′相,第二次是胞状组织中粗大的 γ′相逐渐消失,在粗大 γ′相之间形成十分细小的 γ′相,进而形成再结晶组织中的细小均匀的 γ′相。胞状结构中的 γ′相与铸态基体中的 γ′相在形态和尺寸上存在明显差异,说明胞状组织中的 γ′相是由基体中铸态 γ′相溶解后重新析出的。在由铸态畸变组织形成胞状结构的过程中,由于温度较低,未达到铸态的 γ′相大量溶解的温度,其溶解只能发生在胞状结构界面上。胞状结构界面向基体推进的过程中,界面处基体中的铸态 γ′相发生溶解,这种溶解行为使胞状结构内粗大 γ′相定向生长。由于 γ′相的热力学稳定性,胞状结构界面处基体中铸态 γ′相的溶解成为胞状结构长大的控制因素。关于这一点,Oblak[9] 等人采用选区衍射的方式研究了胞状组织,发现胞状组织中的 γ′相的位相与基体中铸态的 γ′相的位相不同,胞状组织界面与基体之间的界面为大角度边界,因此在胞状组织的界面前沿,基体中铸态 γ′相的溶解是必然的。根据 Porter[10] 等人的研究结果,胞状结构界面前沿基体中铸态 γ′相的溶解是由于胞状组织界面具有高度的溶解性和扩散性所致,基体中铸态 γ′相的溶解使胞状组织界面前沿基体中很快处于溶质的过饱和状态,这种过饱和状态是高能态的,处于很不稳定状态,需要通过形成不连续的粗大的 γ′相释放能量,向低能态转变。

随着温度的升高,胞状结构逐渐转变为再结晶晶粒,在冷却后再结晶晶粒内部为细小均匀的 γ′相,这种 γ′相既不同于胞状结构中的 γ′相也不同于基体中铸态的 γ′相,形态和尺寸都比较均匀。

从上面的分析可以看出,定向凝固高温合金的再结晶实际上是由铸态 γ′相溶解控制的高能态畸变组织向低能态无畸变组织转变的物理过程,这就是定向凝固高温合金再结晶的物理本质。

参考文献

[1]　Bürgel R, Portella P D, Preuhs J. Recrystallization in single crystals of nickel base superalloys. Superalloys 2000. Warrendale: TMS,2000: 229.

[2]　刘丽荣,孙新涛,金涛,等. 含碳镍基单晶高温合金的再结晶倾向性[J]. 机械工程材料,2007,31(5): 9.

[3]　Wang L,Xie G,Zhang J,et al. On the role of carbides during the recrystallization of a directionally solidified nickel-base superalloy. Scripta Materialia,2006,55(5): 457.

[4] Goldschmidt D, Paul U, Sahm P R. Porosity clusters and recrystallization in single-crystal components. Superalloys 1992. Warrendale: TMS, 1992: 155.

[5] 张兵. 单晶高温合金的再结晶及其损伤行为研究. 博士学位论文. 北京: 中国航空研究院, 2009.

[6] Li Y J, Zhang W F, Tao C H. Recrystallizaiton behavior of directionally solidified DZ4 Ssuperalloy. 材料热处理学报, 2004, 25(5): 284.

[7] Bond S D, Martin J W. Surface recrystallization in a single crystal nickel-based superalloy. Journal of Materials Science, 1984, 19: 3867.

[8] 张卫方, 李运菊, 刘高远, 等. 机械预变形对定向凝固 DZ4 合金持久寿命的影响. 稀有金属材料与工程, 2005, 34(4): 569.

[9] Oblak J M, Owczarski W A. Cellular recrystallization in a nickel-base superalloy. Transactions of the Metallurgical Society of AIME, 1968, 242: 1563.

[10] Porter A, Ralph B. The recrystallization of nickel-base superalloys. Journal of Materials Science, 1981, 16: 707.

[11] 卫平, 李嘉荣, 钟振纲. 一种镍基单晶高温合金的表面再结晶研究. 材料工程, 2001, (10): 5.

[12] 余永宁. 金属学原理. 北京: 冶金工业出版社, 2000.

[13] Zhang B, Tao C H, Lu X, et al. Recrystallization of SRR99 single-crystal superalloy: kinetics and microstructural evolution, Rare Metals, 2010, 29(3): 312.

[14] Nabarro F R N. The superiority of superalloys. Materials Science and Engineering A, 1994, A184: 167.

[15] Noguchi O, Oya Y, Suzuki T. The effect of nonstoichiometry on the positive temperature dependence of strength of Ni_3Al and Ni_3Ga. Metallurgical and Materials Transactions A, 1981, 12(9): 1647.

[16] Rea C M F, Matan N, Cox D C, et al. On the primary creep of CMSX-4 superalloy single crystals. Metallurgical and Materials Transactions A, 2000, 31A: 2219.

[17] Xie G, Zhang J, Lou L H. Effect of heat treatment atmosphere on surface recrystallization of a directionally solidified Ni-base superalloy[J]. Scripta Materialia, 2008, 59(8): 1.

[18] 陈荣章. 铸造涡轮叶片制造和使用过程中的一个问题——表面再结晶. 航空制造工程, 1990(4): 22.

第4章 再结晶对定向凝固
高温合金性能的影响

定向凝固高温合金塑性变形后,在高温下塑性变形区将发生再结晶[1]。由于再结晶区的弹性模量等与基体不同,再加上再结晶区与基体之间的界面效应,定向凝固合金上再结晶区的存在对材料的总体力学性能尤其是高温低周疲劳、持久性能的影响很大。本章着重介绍塑性变形后定向凝固合金发生的再结晶对其低周疲劳性能和持久性能的影响,并简要介绍再结晶后定向凝固合金低周疲劳与持久性能的断口及断口金相特征。

4.1 持 久 行 为

4.1.1 圆棒持久行为

参考文献[2]利用图4-1所示的扭转试样,通过扭转变形、1220℃/4h 热处理以及 800℃/600MPa 持久试验,研究了再结晶对定向凝固 DZ4 高温合金圆棒持久行为的影响,试验结果见表4-1。扭转变形9.8°后,持久寿命下降了约20%,扭转变形19.6°和往返扭转9.8°三次后均比未扭转时的持久寿命下降了约40%,二者之间的持久寿命相差不大。

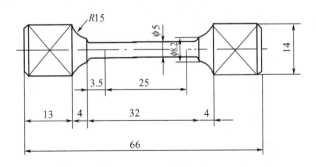

图4-1 定向凝固 DZ4 合金持久预变形试样

表 4-1　定向凝固 DZ4 合金不同预变形后的持久试验结果

变形程度	持久断裂时间/h	变形程度	持久断裂时间/h
未扭转	181.5	$0.16\theta(19.6°)$	103.17
$0.08\theta(9.8°)$	157.17	0.08θ(往返三次)	104.83
$0.08\theta(9.8°)$	142.50	0.08θ(往返三次)	123.83
$0.16\theta(19.6°)$	121.75		

　　扫描电镜下持久试样的微观断裂特征为,未扭转持久断口表面无沿晶断裂特征区,如图 4-2 所示,进行不同扭转预变形的断口试样表面可见沿晶断裂特征,如图 4-3 所示。

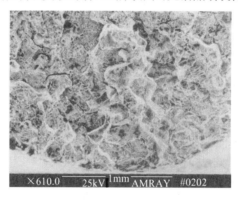

图 4-2　DZ4 合金未扭转持久试验断口形貌

图 4-3　DZ4 合金扭转与热处理后持久断口沿晶特征

　　持久试样的断口金相特征为,大部分扭转预变形后的试样断口附近可见明显的再结晶区域(图 4-4),少数断口附近未见明显的再结晶区域。部分预变形持久试验断口附近未见再结晶区的原因可能与试验过程中扭转预变形程度较小,试样上的再结晶层较薄有关。对于存在再结晶区的断口,其再结晶区尺寸与沿晶特征区尺寸基本一致。

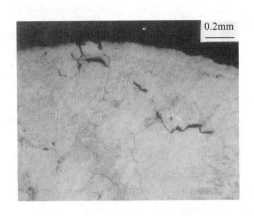

图 4 - 4　持久试样断口附近的金相组织

图 4 - 4 中的再结晶区域最大深度为 130μm,和未进行机械预变形的试样相比,其持久寿命下降了 33%。假定直径为 5mm 的试样四周均存在 130μm 的再结晶组织,其再结晶区域仅占试样总截面面积的 10%。也就是说,即使再结晶区无持久强度,横截面上 10% 再结晶区的试样的持久寿命也不可能下降 33%,因此含再结晶的定向凝固高温合金持久寿命的下降不仅仅与再结晶区较低的持久强度有关。再结晶与定向柱状晶弹性模量的差异,承受载荷时再结晶层与基体的变形不协调以及再结晶层所具有的缺口效应导致的应力集中也是持久强度下降的重要原因。研究结果表明,含再结晶层的定向凝固合金相当于"再结晶表层/基体"复合材料系统,在外力作用下,定向凝固合金基体与再结晶层之间、基体内厚度与再结晶表层相当的区域均为系统应力集中的区域,这一点将在第 6 章进行较为详细的介绍[3]。

4.1.2　板材持久行为

参考文献[4]利用图 4 - 5 所示的板材形状试样,通过喷丸预变形、1220℃/4h 热处理以及 800℃/500MPa 持久试验,研究了再结晶对定向凝固 DZ4 高温合金板材持久行为的影响。不同喷丸预变形后的板材持久性能见表 4 - 2。

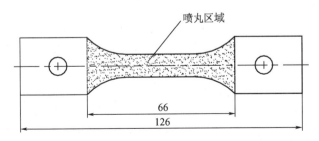

图 4 - 5　定向凝固 DZ4 合金板材持久试样及喷丸区域示意图(板厚 2.5mm)

表 4 - 2　DZ4 合金不同喷丸预变形后的高温持久性能

喷丸制度	持续时间 t/h	延伸率 δ/%	喷丸制度	持续时间 t/h	延伸率 δ/%
未喷丸	320.5	——	0.4MPa 钢丸	68.27	3
未喷丸	300.85	——	0.4MPa 钢丸	234.57	5
0.2MPa 钢丸	149.42	5	0.6MPa 钢丸	216.92	4
0.2MPa 钢丸	220.73	5	0.6MPa 钢丸	111.92	4

　　持久试样的微观断裂特征为,未喷丸试样断面粗糙,裂纹起源于枝晶间,呈多源特征,源区及其他断面上可见韧窝和撕裂棱线等韧性断裂特征,整个断面上无明显的沿晶断裂特征,如图 4 - 6 所示。经 0.2MPa 喷丸预变形的试样断口平坦,具有缺口断裂特征,断面上可见上下两表面上存在厚度基本一致的沿晶断裂特征,裂纹起源于沿晶特征区内部或沿晶特征区与非沿晶特征区交界处。随着喷丸压力的增加,断口的沿晶特征区深度增加,如图 4 - 7 所示。

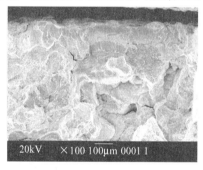

　　图 4 - 6　未喷丸试样源区枝晶间开裂特征　　　　图 4 - 7　喷丸试样沿晶断裂特征

　　图 4 - 8 给出了持久试样沿晶特征区尺寸与持久寿命的关系曲线,可知,DZ4合金板材的高温持久性能与其断面上沿晶特征区深度有密切关系:①未经喷丸试

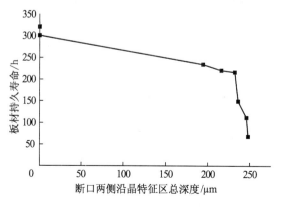

图 4 - 8　定向凝固 DZ4 合金板材持久寿命与沿晶特征区深度的关系曲线

样断口无沿晶特征区,持久寿命最长;②喷丸应力相同的试样,高温持久寿命并不相同,高温持久寿命主要与沿晶特征区深度有关;③沿晶特征区深度对定向凝固 DZ4 合金的高温持久寿命影响很大,表面深度为 $194\mu m$ 的沿晶特征区(约占断口总面积的 8%),使试样持久寿命下降了约 22%,并且随着沿晶特征区深度的增加,持久寿命迅速下降。

板材持久试样的断口金相特征为,未喷丸预变形的持久断口金相试样上无再结晶组织,如图 4 - 9 所示。喷丸变形的持久断口附近均可见明显的再结晶组织,如图 4 - 10 所示,金相试样断面两侧再结晶层的平均深度与断面上沿晶特征区与深度基本一致。裂纹萌生于再结晶晶界上或再结晶层与基体的界面处,然后沿枝晶界面向试样内部扩展,最后在断口上表现为沿再结晶晶界或枝晶界断裂的特征。

图 4 - 9 未喷丸试样的金相组织

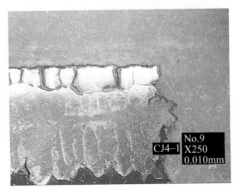

图 4 - 10 喷丸预变形试样的断口金相组织

从断口金相上裂纹的萌生、扩展以及断口上沿晶特征区的大小、断口金相上再结晶层的深度可知,DZ4 合金喷丸预变形高温持久断口的沿晶特征区域应是裂纹沿再结晶晶界或再结晶与基体的界面处萌生和扩展时形成的。

郑运荣等[5]较为系统地研究了 DZ22 合金 1.5mm 薄板试样经喷丸和 1205℃/2h + 870℃/32h 真空热处理后的持久性能,薄板试样的两侧各形成厚度约 $80\mu m$ 的再结晶层,其对持久寿命的影响见表4-3。从表4-3可以看出,再结晶试样在950℃下的持久寿命为未再结晶试样寿命的70%,而在760℃下的持久寿命仅为未再结晶试样寿命的10%。一般认为,再结晶层所占的面积在高温持久试验中几乎是无承载能力的部分。

表4-3   表层再结晶对DZ22合金持久性能的影响[5]

试验温度/℃	应力/MPa	无再结晶		再结晶	
		寿命/h	延伸率/%	寿命/h	延伸率/%
760	724	360.4	17.3	12.8	8.0
760	724	438.5	19.3	21.2	9.2
760	724	367.8①	24.0*	43.9	10.6
760	724	490.5①	24.0*	58.1	9.2
950	255	111.1	34.0	69.2	30.7
950	255	114.0	36.0	82.3	30.7
① 为厚度1.1mm的板状试样					

4.2   室温低周疲劳行为

张海风[6]采用图4-11所示的薄片状试样研究了再结晶对定向凝固高温DZ4合金室温低周疲劳性能的影响。共两组试件,每组四根,一根不喷丸,其他三根试件上下表面喷钢丸,喷丸压力分别为0.10MPa、0.15MPa、0.20MPa,喷丸时间控制在3min。喷丸后试件进行1220℃/4h的真空热处理。并将试样一切为二,对切割面进行抛光。先将试件厚度打磨至约0.5mm,然后用600#水砂纸粗抛光,再用1500#水砂纸细抛光至镜面,打磨和抛光的方向均沿着试件的长度方向,以免在裂纹扩展的方向(试件的垂直方向)留下微观划痕。

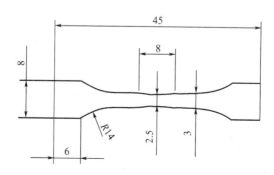

图4-11   试件尺寸图(厚度1.5mm)

　　室温低周疲劳试验结果见表 4-4 和表 4-5,再结晶试件的疲劳寿命并不随喷丸强度的提高而单调降低。较低喷丸强度试件,如 0.10MPa 和 0.15MPa 喷丸再结晶试件,低周疲劳寿命大大降低,并且两者基本在同一水平,只有未喷丸试件疲劳寿命的 8%~10%。而喷丸强度达到 0.20MPa 后,疲劳寿命反而有所提高,虽然相对未喷丸试件仍有一定幅度的降低,约为未喷丸试件的 50%,如图 4-12 所示。

表 4-4　试样表面观察结果

试样状态	裂纹萌生	微裂纹密度
未喷丸	早期	非常低
0.10MPa	早期	非常高
0.15MPa	早期	中等
0.20MPa	中期	非常低

表 4-5　低周疲劳试验结果

试样状态	第一组疲劳寿命/周	第二组疲劳寿命/周
未喷丸	28910	18290
0.10MPa	2438	2726
0.15MPa	2296	2744
0.20MPa	12652	10520

　　利用 SEM 实时观察疲劳试验过程,未喷丸试件的微裂纹(约 10μm)萌生在疲劳循环的早期,表现为铸造缺陷(如疏松)和粗化相物质导致的微裂纹萌生,Masakazu[7] 等关于单晶 CMSX-2 的研究也证实了这一点。低喷丸强度再结晶试件的裂纹萌生也在疲劳循环早期,特别是 0.10MPa、0.15MPa 喷丸再结晶试件,在不到 20 周的循环加载后,试件表面裂纹大量萌生,前者已有大量表面裂纹合并,表现为龟裂的密布裂纹,后者裂纹以晶界附近的分散微裂纹形式出现。而 0.20MPa 喷丸试件的裂纹萌生寿命远远高于以上试件,裂纹往往出现在应力集中的试件边缘,疲劳萌生寿命比较如图 4-13 所示。

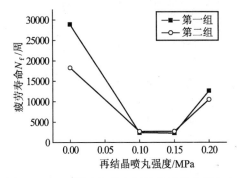

图 4-12　不同喷丸强度再结晶试件疲劳寿命

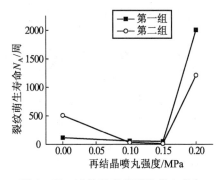

图 4-13　试件组疲劳裂纹萌生寿命

在裂纹密度上,未喷丸试件只有非常少量的微裂纹出现,表现为局部的疏松等缺陷导致的微裂纹,裂纹在表面随机分布。0.10MPa 喷丸试件微裂纹密度非常高,并且均匀密布。0.15MPa 喷丸试件裂纹密度有所降低,但仍远高于未喷丸试件,在表面均匀分布。而 0.20MPa 喷丸试件形成的表面微裂纹密度大大低于低喷丸强度试件,裂纹基本分布在试件边缘两侧,表面中部裂纹在疲劳循环的中后期才大量萌生。对试件表面的裂纹进行统计,数据如图 4 - 14 所示。图 4 - 15 为不同试验条件下表面裂纹的形貌。

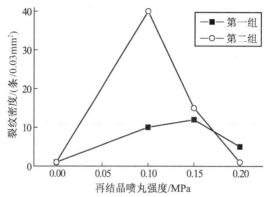

图 4 - 14　试件组疲劳裂纹密度

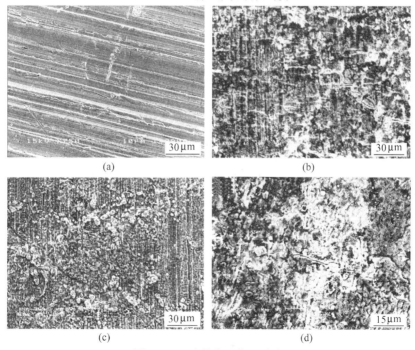

图 4 - 15　试件表面萌生裂纹

(a) 未喷丸,116 循环后;(b) 0.10MPa,60 循环后;(c) 0.15MPa,13 循环后;(d) 0.20MPa,2006 循环后。

　　0.10MPa 低喷丸强度再结晶试件具有三层结构(图 4 - 16(a)),上部为基底层,深度约 400μm,中间为 80μm 左右的塑性变形层,下部为再结晶层,深度约 20μm。再结晶晶粒沿表层密排分布,晶粒大小在 10 ~ 30μm 之间,相对比较均匀。晶界弯曲模糊,再结晶不完全。0.15MPa 喷丸试件同样具有这样的三层结构,塑性变形层更薄,层之间界限更加不明显。残留的塑变层并不均匀,再结晶不完整,晶界弯曲。0.20MPa 喷丸试件截面基本上只有简单的两层结构,表面 30μm 左右厚度的再结晶层,晶界清晰,再结晶完全,再结晶层与基体之间只有非常少量的局部塑变区域。晶粒尺寸以 20 ~ 30μm 大小为主,部分再结晶晶粒明显长大,达 50μm 左右,如图 4 - 16(b)所示。

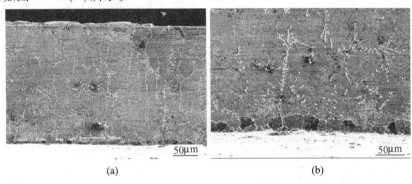

(a)　　　　　　　　　　　　　　(b)

图 4 - 16　喷丸试件再结晶层截面图
(a) 0.10MPa; (b) 0.20MPa。

　　从热激活的角度可解释不同喷丸强度的再结晶对疲劳性能的影响。由 Arrhenius 方程:

$$G = G_0 \exp(-Q/RT) \qquad (4-1)$$

又

$$G = X_V/t = G_0 \exp(-Q/RT) \qquad (4-2)$$

式中: X_V 为再结晶的体积分数或者说再结晶完全程度;R 为气体常数;Q 为再结晶激活能,与塑性变形量成反比关系。

　　由于试件高温固溶处理的时间 t 和固溶处理温度 T 相同,高喷丸强度对应较大塑性变形量,需要较低的激活能,根据式(4 - 2),相应得到较高的 X_V 值,也就是说再结晶更加完全。

　　试件表面裂纹萌生于表面再结晶晶粒处,再结晶晶粒之间的晶界已开裂,如图 4 - 17 所示,从而形成表面的多裂纹。表面裂纹的形成,使得表层应力得以释放,承力界面变为次表面层,次表面层应力的增大进一步促使裂纹向纵深扩展,并导致试件的最终失效。不完全再结晶晶界相对更加脆弱,更易迅速开裂并形成密

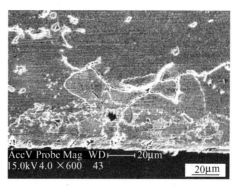

图 4-17   表面再结晶层裂纹萌生

布微裂纹。而完全再结晶晶界有一定的承载力,表面均匀的再结晶层掩盖了材料原有的缺陷,所以在早期并没有出现大量微裂纹。但随着疲劳加载,延性相对较好的基底发生塑变伸长,使得相对较脆的表层再结晶层所受应力增大,从而导致再结晶晶界开裂,并在疲劳寿命的中后期使得微裂纹开始大量萌生。

4.3   高温低周疲劳行为

4.3.1   圆棒低周疲劳行为

高温低周疲劳试验所用试样为扭转变形、1220℃/4h 热处理的圆棒试样,试验参数如图 4-18 所示,试验温度 $T = 760℃$,$R = 0$,$\overline{\sigma} = 800MPa$,应力从 0 到 800MPa 的加载频率为 0.5Hz;在 $\overline{\sigma}$ 下进行块载荷试验(块载荷时间为 1min),即在块载荷上叠加一振动,频率为 5Hz,$R = -1$,$\Delta\sigma = 200MPa$。因此,实际的最大载荷达 $\overline{\sigma} + (\Delta\sigma/2) = 900MPa$。试验结果见表 4-6。

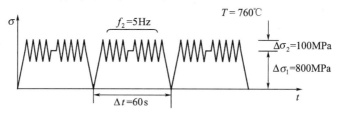

图 4-18   DZ4 合金高温低周疲劳试验块载荷

扫描电镜下疲劳试样的微观断口特征为,试验块载荷数不小于 10 的试样断口上均可见典型疲劳断口的三个特征区域,即疲劳源区、疲劳扩展区和瞬断区,其中疲劳源区和疲劳扩展区呈高温氧化色,即蓝色,而瞬断区呈黄褐色。试验块载荷数小于 10 的试样断口上基本看不到疲劳区,整个断口基本均呈黄褐色,但断口周边多处可见放射棱线。所有存在疲劳区的断口,其疲劳区均较小,疲劳区边缘距试样表面 1.0～1.5mm,这主要与低周疲劳试验时采用的应力较大有关。

不同扭转变形后断口源区均可见明显的沿晶特征区,如图 4-19 所示。断口上的沿晶特征区域深度见表 4-6。将表 4-6 中的不同块载荷数与对应试样断口上的沿晶特征深度绘制成曲线,如图 4-20 所示。可见,DZ4 合金的高温低周疲劳寿命与其源区的沿晶特征区有密切的关系:①断口上无沿晶特征区的未扭转试样,其高温低周疲劳寿命最长,块载荷数为 821;②扭转变形程度相同的试样的高温低周疲劳寿命并不相同,高温低周疲劳寿命主要与沿晶特征区域的大小有关。

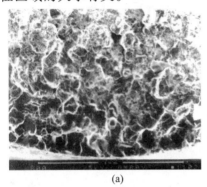
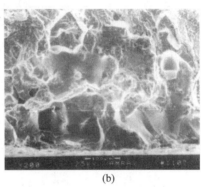

(a)　　　　　　　　　　　　　　(b)

图 4-19　DZ4 合金高温低周疲劳断口源区形貌(扭转 0.5θ, 60°/min)

(a) 源区低倍;(b) 源区沿晶特征。

表 4-6　DZ4 合金不同扭转变形后的低周疲劳断口上的
沿晶特征区域与再结晶深度

状态	块载荷数	断面沿晶特征区大小	断口金相上的再结晶深度	金相组织的再结晶深度
未扭转	821	无沿晶特征区	—	—
	688	634μm×255μm	310μm	
	401	497μm×310μm	—	
	357	467μm×167μm 的类解理平面	—	
扭转 0.25θ	307	888μm×430μm	470μm	490μm
	173	1150μm×470μm	—	
	35	710μm×604μm	—	
扭转 0.50θ	8	周边多处×640μm	1260μm	1200μm
	8	周边多处×750μm	—	
	66	周边多处×620μm	—	

（续）

状态	块载荷数	断面沿晶特征区大小	断口金相上的再结晶深度	金相组织的再结晶深度
扭转 0.75θ	1	周边多处 ×1480μm	2380μm	2400μm
	6	周边多处 ×1050μm	—	
	25	周边多处 ×1120μm	—	
扭转 0.25θ（往返三次）	7	周边多处 ×920μm	—	—
	60	880μm×610μm	580μm	
扭转 0.25θ 应变速率大	241	880μm×570μm	—	
	448	1090μm×420μm	—	
	218	810μm×630μm	—	
扭转 0.5θ 应变速率大	9	周边多处 ×960μm	—	
	13	周边多处 ×890μm	—	

注：（1）沿晶区数据 $a×b$ 中，a 为沿圆周的弦向距离，b 为沿疲劳扩展方向长度；（2）—指未观察测量；
（3）最后一列金相组织上的再结晶深度是指扭转相同程度但未进行低周疲劳试验的试样上的再结晶深度

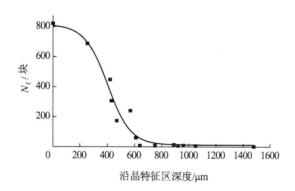

图 4-20　沿晶特征区域深度对 DZ4 合金低周疲劳性能的影响

　　沿晶特征区周围和内部均可见疲劳条带，如图 4-21 所示。从沿晶特征区周围和内部疲劳条带的扩展方向可以看出，疲劳裂纹应从沿晶特征区域与基体的界面处或沿再结晶晶界萌生，并向四周扩展。沿晶特征区附近及其内部的这种疲劳条带扩展特征使得沿晶特征区在一定程度上类似于一宏观缺陷。从图 4-21 还可以看出，DZ4 合金高温低周疲劳试样扩展区也可见典型的晶体学疲劳条带。

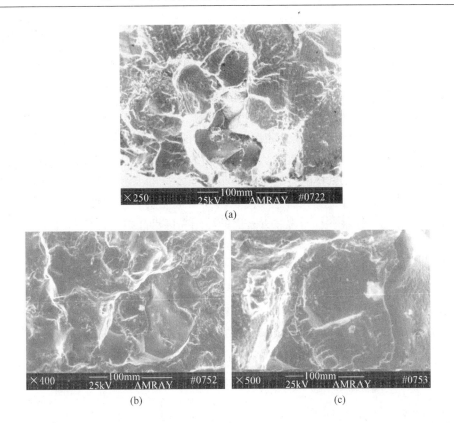

图 4 - 21　DZ4 合金高温低周疲劳断口上沿晶特征区域附近的疲劳条带

（a）疲劳条带从沿晶特征区向试样内部扩展；（b）疲劳条带从沿晶特征区向四周扩展；

（c）沿晶特征区内部的疲劳条带特征。

　　断口金相观察发现断面附近有再结晶组织，断面上疲劳裂纹沿再结晶晶界扩展，且断面附近多处可见沿晶扩展裂纹以及沿再结晶与基体界面萌生的裂纹，如图 4 - 22 所示。

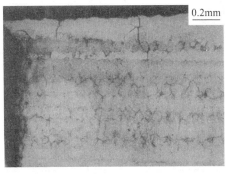

图 4 - 22　试样断面附近的再结晶组织与沿再结晶晶界扩展的裂纹形貌

　　将不同扭转变形后高温低周疲劳断口金相上断面沿再结晶扩展的深度、断口上的沿晶特征区深度以及金相组织上的再结晶深度进行对比(表4-6)可知:①断口金相上观察的再结晶深度与金相组织上观察的再结晶深度完全一致;②扭转变形程度较小时,低周疲劳断口上的沿晶特征区深度与断口金相上以及金相组织上观察的再结晶深度完全一致;③扭转变形程度较大时,低周疲劳断口上的沿晶特征区深度比断口金相上以及金相组织上观察的小。这是因为,扭转变形程度较大时,试样上的再结晶区域深度较大。一方面表面深度较大的再结晶区域有明显的缺口效应,另一方面试样的有效承载面积明显减少,低周疲劳试验过程中疲劳裂纹从试样周边起源并快速扩展,这一点从其断口上无明显疲劳区也可证明。在疲劳断裂的快速扩展过程中,周边靠近表面的再结晶区沿晶扩展,而距表面有一定深度的再结晶区域穿晶断裂,因此,低周疲劳断口上的沿晶特征区比断口金相上以及金相组织上观察的再结晶深度小。

　　从断口金相上疲劳裂纹的萌生、扩展以及断口上沿晶特征区大小、断口金相上的再结晶深度、金相组织上的再结晶深度可知,DZ4合金高温低周疲劳断口上的沿晶特征区域应是疲劳裂纹在再结晶晶界上或再结晶与基体的界面处萌生和扩展时形成的。

4.3.2　板材低周疲劳行为

　　利用图4-23所示的板材试样,通过喷丸预变形、1220℃/4h热处理以及疲劳试验研究了再结晶对DZ4合金板材低周疲劳性能的影响,疲劳加载方式与图4-18所示进行高温低周疲劳试验类似,试验温度 $T = 760℃$, $R = 0$,应力从0至最大应力 σ_{max} 的加载频率为0.5Hz;在平均应力 $\bar{\sigma}$ 下进行块载荷试验(块载荷时间为60s),即在块载荷上叠加一振动,频率为5Hz, $R = -1$, $\Delta\sigma$ ($\Delta\sigma = \sigma_{max} - \sigma_{min}$)为200MPa,因此实际的最大载荷为 $\bar{\sigma} + (\Delta\sigma/2)$。喷丸预变形后的性能见表4-7。

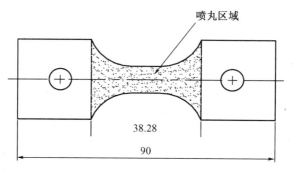

图4-23　DZ4合金板材疲劳试样喷丸工作段(板厚2.5mm)

表 4 - 7　DZ4 合金板材不同喷丸预变形后的疲劳性能

喷丸制度	试验应力 σ/MPa			试样尺寸 $/(mm \times mm)$	周次(块数)	备注
	σ_{max}	σ_{min}	$\overline{\sigma}$			
	800	600	700	2.62×10.12	—	断销孔
				2.52×8.12	139	
0.1MPa 玻璃丸	800	600	700	2.51×8.12	87	断销孔
				2.48×8.09	79	断销孔
				2.52×8.10	118	断销孔
0.3MPa 玻璃丸	800	600	700	2.48×8.10	153	断销孔
				2.51×8.10	109	
				2.46×8.10	160	
0.3MPa 钢丸	800	600	700	2.51×8.10	79	
				2.52×8.10	76	断销孔
				2.50×8.10	39	断销孔

　　疲劳断口的断裂特征为,均可见疲劳断口的三个特征区域,其中疲劳区面积较小,瞬断区面积较大。未喷丸试样,断面稍粗糙,断面上未发现沿晶特征区域,疲劳起源于枝晶间。喷丸试样断口,断面较平坦,具有缺口疲劳的特征,疲劳起源于试样表面的沿晶特征区或沿晶特征区与枝晶的交界处,如图 4 - 24 所示。

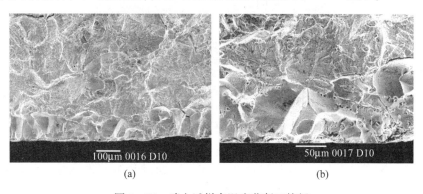

(a)　　　　　　　　　　　　　　(b)

图 4 - 24　喷丸试样高温疲劳断口特征

(a)起源于沿晶特征区的疲劳源;(b)断裂源区放大。

　　销孔处发生断裂的试样,断裂部位无沿晶特征,裂纹起源于销孔的内孔壁或内孔壁与外表面的交界处,断面上可见明显的疲劳条带。

不同喷丸预变形试样两侧的沿晶特征区深度见表4-8。由于断面上沿晶特征区晶粒深浅不一,表中每一侧的沿晶特征区深度是一平均深度。断面上具有沿晶特征区的DZ4合金板材试样,其疲劳寿命与断面上沿晶特征区深度密切相关。随着沿晶特征区深度的增加,板材疲劳寿命下降。

表4-8　DZ4合金喷丸预变形后板材高温疲劳试样两侧的沿晶特征区深度

喷丸制度	试验温度 T/℃	试样尺寸/ (mm×mm)	周次/块	一侧沿晶特征区深度/μm	另一侧沿晶特征区深度/μm	两侧沿晶特征区总深度/μm
未喷丸	760	2.52×8.12	139	0	0	0
0.3MPa 玻璃丸	760	2.51×8.10	109	70.2	57.5	127.7
0.3MPa 玻璃丸	760	2.46×8.10	160	局部有沿晶特征	局部有沿晶特征	局部有沿晶特征
0.3MPa 钢丸	760	2.51×8.10	79	115	117	232

断口金相观察可见疲劳裂纹沿再结晶晶界扩展(图4-25),且断面附近多处可见沿再结晶晶界扩展的裂纹。

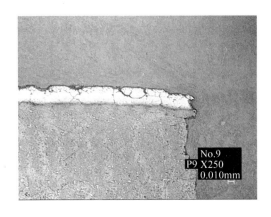

图4-25　DZ4合金高温板材疲劳断面附近的金相组织

对试样断面附近金相组织上的再结晶深度与相应断口上的沿晶特征区深度进行比较,可见断口上观察到的沿晶特征区深度与断口金相上观察到的再结晶层深度基本一致。对于含再结晶的试样,疲劳裂纹易于从再结晶晶界处萌生或再结晶层与基体的界面处萌生。对于不含再结晶的试样,疲劳裂纹易于从表面或亚表面粗大枝晶处萌生。

非正常断裂的板材试样上再结晶层的厚度和喷丸应力基本一致。小于0.1MPa的玻璃丸,会使试样发生一定的变形,但可能由于所引起的变形量小于

DZ4 合金在 1220℃/4h 高温热处理发生再结晶所对应的临界变形量,因此在试验过程中试样中没有形成再结晶晶粒,而仍然保持变形晶粒的形貌。

从断口上疲劳裂纹的萌生、扩展、沿晶特征区域的深度以及金相组织上再结晶的深度可知,定向凝固合金在一定的机械预变形和热处理后会在试样表面形成再结晶层或再结晶晶粒,疲劳裂纹易于从再结晶晶界或再结晶层与基体的界面处萌生。

4.4　含再结晶叶片的高周疲劳行为

含再结晶组织的 II 级涡轮叶片的高周疲劳振动试验在梁式振动台上进行,通过对叶尖振幅的控制间接给定叶片的振动应力。叶片振动疲劳强度(10^6 次循环)采用阶梯应力递增方法确定,具体过程是:①用动态应变仪实测叶片在不同叶尖振幅下叶身部位的振动应变,并利用有限元分析结果进行对比,确定叶片振动试验的起始振幅,要求在该起始振幅下,90% 以上的试验叶片通过 10^6 次振动循环后不产生失效;②每个试验叶片均从起始振幅开始振动试验,以叶尖振幅 1mm 为应力增量台阶,在每个台阶上达到 10^6 次应力循环后则进入下一个台阶,直到叶片失效(发现裂纹)时终止;③用试验终止时所对应的叶尖振幅台阶表征每个叶片的振动疲劳强度,通过统计分析确定同组叶片振动强度的均值和方差;④试验过程中对叶片振动频率实施监控,频率下降 1% 左右,即检查是否出现裂纹,记录频率下降 1%时所对应的叶片振幅及本台阶的振动循环次数。

常温试验用涡流位移传感器测量叶尖振幅,用计算机采样并对振幅进行监控;高温试验用摄像头将叶片振动位移显示在监视器上,通过监视器进行全程振动监视。高温试验采用带温控的电炉加热,试验温度为 850℃。

在梁式振动台上对贴应变片的叶片以一阶固有频率进行激振,并测量在不同叶尖振幅下的应变值。依据该振型下叶片振动应力分布规律,8 个应变片分别贴在叶盆、叶背侧距榫头底部高 30 ~ 80mm 的进气边缘。根据应变测量和有限元分析结果,叶片在一阶振型下沿叶高距榫头底部 40 ~ 80mm 范围内进、排气边缘应力梯度不大,可作为试验叶片的考核对比区域。

试验叶片在进气边距叶根 40 ~ 80mm 之间均有"月牙形"缺陷的返修叶片,分两组,一组 15 片,在常温下进行;另一组 9 片,在模拟叶片工作温度的 850℃下进行。

在室温和高温试验的 24 片叶片中,15 片叶片疲劳裂纹萌生的位置与叶片上"月牙形"再结晶缺陷的位置不一致,仅有 9 片叶片疲劳裂纹萌生于"月牙形"再结晶缺陷处(表 4 - 9),表明在该试验条件下含"月牙形"再结晶对叶片振动疲劳强度的影响并不显著。

表4-9　叶片裂纹萌生位置与"月牙形"再结晶缺陷位置

常温试验			高温试验		
裂纹位置	再结晶位置	是否一致	裂纹位置	再结晶位置	是否一致
38	69		39	30.9	
39	62.8		39	41.2	是
39	35.5	是	40	39	是
40	41	是	45	39.6	
46.1	72.3		47	57.3	
48	57.5		47	44.5	
50	74		49.6	47.8	
51.5	71		61	59	是
54.7	44.5		61	58.2	是
59	50.2				
66	60.5	是			
66	70.1	是			
71	52.2				
75	50				
79	77	是			

4.5　再结晶对弹性模量的影响

对定向凝固DZ4合金的材料力学参数研究较多,但是对于再结晶层的参数,如弹性模量等,并没有现成的参数。利用表面的纳米压痕实验,对表面再结晶的弹性模量进行测量。测量试样共四件,TP1为原试件,TP2为0.10MPa喷丸再结晶试件,TP3为0.15MPa喷丸再结晶试件,TP4为0.20MPa喷丸再结晶试件。测量数据结果如图4-26~图4-29所示,弹性模量值随距离表面的深度都有先增大后不断减小的趋势,在400nm深度以后,基本保持稳定,下降幅度变小。据表面较近位置处弹性模量值的增加是由于压头下压尚未稳定。后续达到高峰是由于纳米压痕测量对试件表面粗糙度有较高的要求(所有的试样表面都进行了打磨抛光),试样的表面抛光使表面有一层较薄的塑变层,因而弹性模量较高。进入内部,塑变层影响减小,弹性模量值开始稳定。

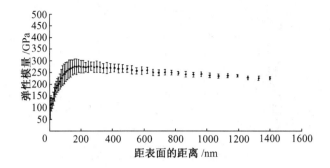

图 4 – 26　原试件弹性模量

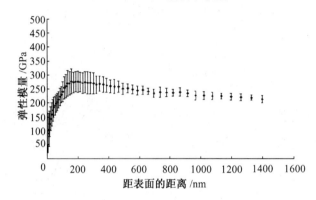

图 4 – 27　0.10MPa 喷丸再结晶试件弹性模量

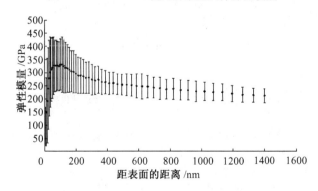

图 4 – 28　0.15MPa 喷丸再结晶试件弹性模量

如图 4 – 26 ~ 图 4 – 29 所示,取稳定后的 1400nm 深度的弹性模量值作为参考弹性模量,得到喷丸压力和弹性模量的关系曲线,如图 4 – 30 所示,可见再结晶试件的弹性模量低于定向凝固材料,0.10MPa、0.15MPa 较低喷丸强度再结晶试件的弹性模量值基本和定向凝固材料相当,而 0.20MPa 喷丸再结晶试件的弹性模量值大幅降低。

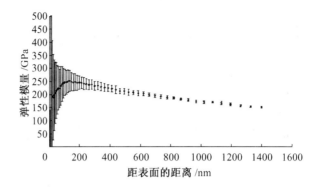

图 4 - 29　0. 20MPa 喷丸再结晶试件弹性模量

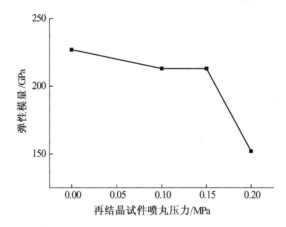

图 4 - 30　原试件和再结晶层弹性模量(深度 1400nm)

参考文献

[1] 孙传棋, 陶春虎, 习年生, 等. 无铪定向凝固高温合金及其过载机械损伤[J]. 机械工程材料, 2001, 25(8): 4.

[2] 张卫方, 李运菊, 刘高远, 等. 机械预变形对定向凝固 DZ4 合金持久寿命的影响. 稀有金属材料与工程, 2005, 34(4): 569.

[3] 梅海霞. 含再结晶表层的定向凝固合金力学行为的研究[D]. 北京:清华大学, 2004.

[4] 李运菊, 张卫方, 陶春虎. 表层再结晶对 DZ4 合金板材高温持久性能的影响. 机械强度, 2006, 28(1): 135.

[5] 郑运荣, 阮中慈, 王顺才. DZ22 合金的表层再结晶及其对持久性能的影响. 金属学报, 1995, 31(增刊): S325.

[6] 张海风. 表面再结晶层对 DZ4 定向凝固合金低周疲劳性能的影响[D]. 北京:清华大学, 2004.

[7] Masakazu Okazaki, Yasuhiro Yamazaki. Creep-fatigue small crack propagation in a single crystal Ni-base superalloy CMSX-2, Microstructural influences and environmental effects. International Journal of Fatigue, 1999: S79.

第5章 再结晶对单晶高温合金性能的影响

采用单晶高温合金的目的在于消除与应力轴垂直的晶界。同时,为了提高合金的初熔温度,尽可能地减少 B、Hf、Zr 和 C 等晶界强化元素。由于单晶高温合金不含或少含晶界强化元素,发生再结晶后,再结晶晶界很弱,服役过程中易在再结晶晶界及再结晶区与基体材料的界面处萌生裂纹,使合金的持久、疲劳等性能大为降低。

本章着重介绍塑性变形后单晶高温合金发生的再结晶对其持久性能、低周疲劳性能以及疲劳 – 蠕变性能的影响,再结晶对单晶高温合金断裂行为的影响机制及断口特征,并且对再结晶引起的单晶叶片断裂实例进行分析。

5.1 持 久 行 为

5.1.1 高温持久行为

参考文献[1]利用图 5 – 1 所示的持久试样,通过喷丸预变形、1300℃/4h 热处理和 1000℃/195MPa 持久试验,研究了再结晶对单晶 SRR99 合金圆棒试样高温持久性能的影响,试验结果如图 5 – 2 所示。可以看出,表面再结晶对单晶 SRR99 合

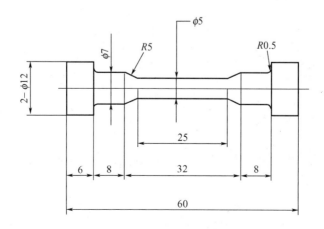

图 5 – 1　单晶 SRR99 高温合金持久试样

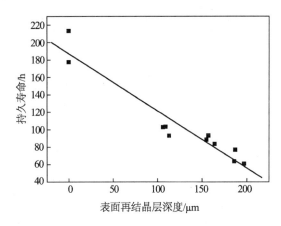

图 5 - 2　1000℃/195MPa 条件下再结晶对单晶 SRR99 合金持久寿命的影响

金的高温持久性能影响显著,厚度约为 106μm 的再结晶层(约占横截面面积 8%)使合金的持久寿命下降了约 45%,并且随着再结晶层厚度增加,持久寿命几乎呈线性下降。

图 5 - 3 所示为未喷丸试样的断口形貌。断口宏观形貌呈杯锥状,断口边缘未见沿晶特征(图 5 - 3(a)),微观形貌显示断口上分布着许多近似正方形的小平面(图 5 - 3(b)),小平面通过撕裂棱或二次解理面连接,中心有一个小圆孔,这些小圆孔可能为合金中的原始微孔。Hopgood 等人[2] 在研究单晶 SRR99 合金蠕变时发现,单晶高温合金最主要的断裂特征是存在被方形小平面所包围的显微疏松,方形小平面是由材料中的显微疏松周围裂纹扩展所致。他们认为在没有脆性共晶和局域初熔的情况下,微孔洞成为最有效的裂纹源,裂纹面垂直于应力轴,正方形裂纹的前沿平行于 <110> 方向。

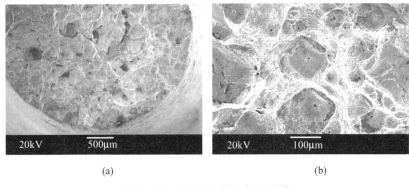

(a)　　　　　　　　　　　　　　(b)

图 5 - 3　未喷丸试样的断口形貌

(a) 断口边缘特征;(b) 正方形小平面特征。

图 5 - 4 所示为喷丸试样的断口形貌,断口边缘可见明显的沿晶特征(图 5 -4(a))。和未喷丸试样断口的微观特征相似,喷丸试样断口上也分布着许多类似正方形的小平面,小平面中心有一个小圆孔(图 5 -4(b))。

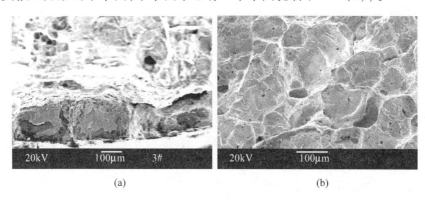

(a)　　　　　　　　　　　　(b)

图 5 - 4　喷丸试样的断口形貌
(a) 边缘沿晶特征;(b) 正方形小平面特征。

持久试样断口附近的金相组织如图 5 - 5 所示。未喷丸试样表面未见再结晶组织,表面裂纹较少(图 5 -5(a))。喷丸试样表面存在明显的再结晶组织,几乎所有垂直于应力轴方向的再结晶晶界都已开裂,裂纹宽度较大并且氧化严重,说明裂纹已经形成一段时间。几乎所有沿晶裂纹的扩展均止于再结晶层与基体的界面处。同时,再结晶层与基体之间的界面大部分都已开裂,使再结晶层与基体之间处于一种微观"剥离"状态(图 5 -5(b))。喷丸和未喷丸试样内部均存在大量与应力轴方向垂直的裂纹。

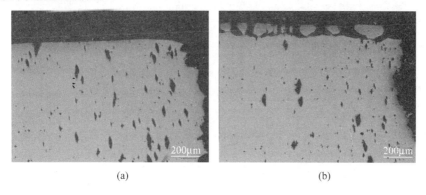

(a)　　　　　　　　　　　　(b)

图 5 - 5　1000℃/195MPa 条件下持久试样断口附近的金相组织
(a) 未喷丸试样;(b) 喷丸试样。

在高温低应力持久条件下,单晶 SRR99 合金的微观断裂方式为微孔聚集型断裂,断口主要由有中心圆孔的小平面和撕裂棱组成,小平面中心的圆孔为合金中的原始孔洞(合金凝固过程中形成的显微疏松和气孔)。在高温应力作用下,合金中的原始孔洞处产生应力集中,孔洞周围产生裂纹,某个孔洞周围一旦产生裂纹,就会以相对较快的速率扩展,而松弛了裂纹面附近的应力,造成横截面上应力增大,从而会引起其他孔洞周围产生裂纹,如此反复循环,导致最终断裂。再结晶试样的断口特征及断口附近的组织形貌和未再结晶试样基本相似,因此,可以推断再结晶试样的微观断裂方式也为微孔聚集型断裂。

为了观察再结晶试样的裂纹扩展行为,分别在1000℃/195MPa条件下持续10h、20h、45h和70h后停止试验。经过10h持久试验后,与应力轴垂直的再结晶晶界大多数已开裂(图5−6(a)),在裂纹两侧存在比较明显的γ′相贫化层(图5−7)。γ′相贫化层是高温氧化作用下,Al、Ti等γ′相组成元素向裂纹表面迁移与氧结合所致。这说明裂纹已经形成了一段时间,也就是说再结晶晶界在试验初期就已经开裂。随着试验时间延长,裂纹数量进一步增加,同时,裂纹宽度逐渐加大,氧化更加严重(图5−6(b)、(c)和(d))。从图5−6可以看出,与应力轴垂直的再结晶晶界在应力作用下很快就开裂,并且沿着晶界向内扩展,当遇到再结晶晶粒与基体的界面时,裂纹没有继续向基体内扩展,而是改变方向,沿着再结晶晶粒与基体的界面传播,使得再结晶晶粒和基体之间呈微观"剥离"态。

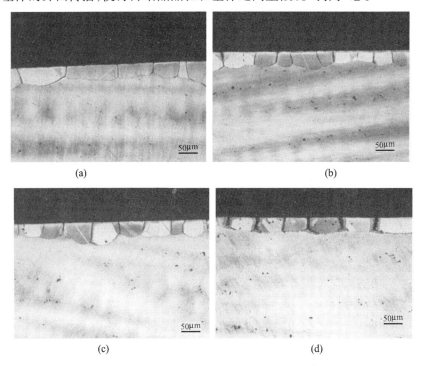

图5−6   1000℃/195MPa下试验不同时间后各试样纵剖面金相组织

(a) 10h;(b) 20h;(c) 45h;(d) 70h。

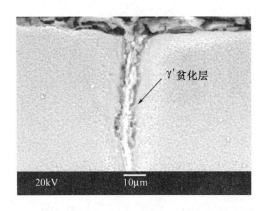

图 5 - 7　1000℃/195MPa 下持续 10h 后的沿晶裂纹形貌

　　单晶高温合金不含或少含晶界强化元素,发生再结晶后,再结晶晶界很弱。此外,再结晶层的力学性能、弹性模量等与基体有很大差异,承载时再结晶层与基体变形不协调。这两个因素导致了垂直应力轴的再结晶晶界在试验初期就已经开裂,然后沿着晶界向内扩展,当遇到再结晶晶粒与基体的界面时,裂纹没有继续向基体内扩展,而是改变方向,沿着再结晶晶粒与基体的界面传播。当再结晶晶粒和基体的界面开裂后,新的裂纹可能会从开裂的界面处起源并向基体内部扩展,此时基体内部已经开始产生大量裂纹。1000℃/195MPa 条件下,再结晶试样的微观断裂方式和未再结晶试样相同,都是微孔聚集型断裂。再结晶试样的断裂过程如图 5 - 8 所示。

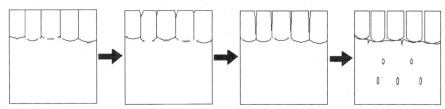

图 5 - 8　再结晶试样断裂过程示意图

　　再结晶晶界在试验初期就已开裂,再结晶层几乎没有承载能力,基体承受的实际应力增大,这是导致合金持久性能下降的主要原因。再结晶层对持久性能的影响可用图 5 - 9 来等效说明。对一个直径为 D 的圆柱形试样,表面形成厚度为 δ 的再结晶层,σ_N 为持久试样所承受的名义应力,σ_A 为忽略再结晶层的承载能力时基体承受的实际应力,则有以下关系式:

$$\frac{\pi D^2}{4}\sigma_N = \frac{\pi(D-2\delta)^2}{4}\sigma_A \qquad (5-1)$$

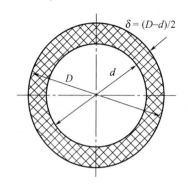

图 5-9　再结晶对持久寿命影响的示意图

根据关系式(5-1),当再结晶层厚度分为 113μm、164μm 和 197μm 时,直径为 5mm 试样的实际受力面直径分别为 4.77mm、4.67mm 和 4.61mm,实际受到的应力分别为 214MPa、223MPa 和 230MPa。采用直径为 4.77mm、4.67mm 和 4.61mm 的光滑试样分别在 1000℃/214MPa、1000℃/223MPa 和 1000℃/230MPa 条件下进行持久试验,然后和再结晶厚度分别为 113μm、164μm 和 197μm 的再结晶试样在 1000℃/195MPa 条件下的持久寿命进行对比。结果显示,实际应力相同的条件下,再结晶试样的持久寿命均低于未再结晶试样,见图 5-10。这证明了再结晶层几乎没有承载能力。此外,再结晶所引起的缺口效应可能也会使合金的持久寿命进一步降低。

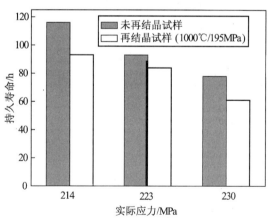

图 5-10　实际应力相同条件下再结晶试样和未再结晶试样的持久寿命对比

再结晶区域几乎没有承载能力,再结晶的出现意味着横截面上承载面积减小,实际应力增大,这是造成合金持久性能下降的主要原因。因此,可以将横截面上再结晶区域所占面积分数作为评价再结晶对合金持久性能影响的一个关键指标。参考文献[1,3-5]以不同的定向凝固或单晶高温合金为研究对象,研究了再结晶对合金高温(≥850℃)持久性能的影响。对它们的实验数据分析发现,在高温持久条件下,随着再结晶区域所占面积分数的增加,各合金的持久寿命均呈线性下降,如图 5-11 所示。参考文献[1,3-5]的数据表明,在高温(≥850℃)条件下,随着再

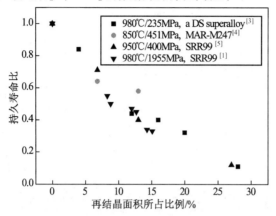

图 5-11　各合金再结晶区域所占面积分数与持久寿命比之间的关系

结晶区域所占面积分数的增加,定向凝固或单晶高温合金的持久寿命呈线性下降,两者之间呈线性关系。因此,再结晶对定向凝固或单晶高温合金高温持久性能的影响可用以下关系式来表示:

$$t_r = t_0(1 + bX_r) \tag{5-2}$$

式中:t_r 为再结晶试样的持久寿命;t_0 为未再结晶试样的持久寿命;X_r 为横截面上再结晶区域所占的面积分数;b 为常数,由合金本身物理特性和持久试验参数(温度和应力)所决定。

5.1.2　中温持久行为

参考文献[6]利用喷丸预变形、1300℃/4h 热处理和 760℃/785MPa 持久试验,研究了再结晶对单晶 SRR99 合金圆棒试样中温持久性能的影响,结果如图 5-12 所示。可以看出,再结晶的出现使单晶 SRR99 合金的中温持久寿命迅速下降,厚度约为 103μm 的再结晶层(约占试样横截面面积 8%)使合金的中温持久寿命下降了约 90%。随着再结晶厚度逐渐增加,合金持久寿命的下降速率逐渐减缓。和高温低应力相比,中温高应力条件下,再结晶对单晶高温合金持久性能的损伤程度更为严重。

图 5-13 为未再结晶持久试样的断口形貌。断口由两个与拉伸轴约成 45°角的平面构成(图 5-13(a)),平面微观特征主要为剪切韧窝特征,局部可见类似正方形的小平面特征(图 5-13(b))。经劳埃背散射测定这两个平面为{111}面。在两个平面的相交处(即断口的中心部位)存在面积较小的粗糙区域,该区域与应

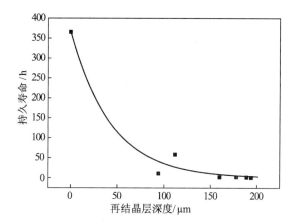

图 5 - 12   760℃/785MPa 条件下再结晶对 SRR99 合金持久寿命的影响

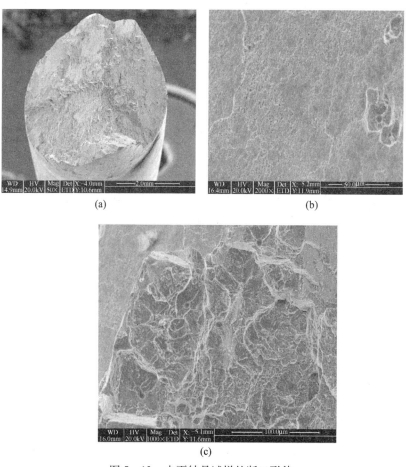

图 5 - 13   未再结晶试样的断口形貌

（a）断口低倍形貌；（b）剪切面；（c）中心区域的正方形小平面。

力轴垂直,高倍形貌显示该区域的主要特征为类似正方形的小平面(图 5 – 13(c)),该特征与 1000℃/195MPa 持久条件下的断口微观特征相似,是单晶高温合金在蠕变持久条件下微孔聚集型断裂的典型特征。此外,在断口附近的纵剖面上可见明显的枝晶间裂纹(图 5 – 14)。这说明,在 760℃/785MPa 持久试验条件下,试样首先在枝晶间产生裂纹,随着枝晶间裂纹的形成和增加,横截面上实际应力增大,当 {111} 面某个滑移方向的分切应力达到滑移所需的临界分切应力时,以纯滑移剪切的方式发生断裂。

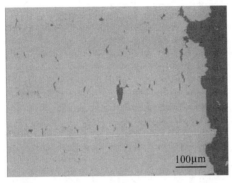

图 5 – 14　未再结晶试样断口附近的金相组织

图 5 – 15 为 760℃/785MPa 条件下再结晶试样的断口形貌。断口附近再结晶层剥落现象比较严重,断口由一个拉伸轴约成 45°角的平面构成,平面上包含一些台阶(图 5 – 15(a)),平面微观特征主要为剪切韧窝特征(图 5 – 15(b))。经劳埃背散射测定该平面为 {111} 面。对断口附近的纵剖面金相组织观察发现,断口附近几乎没有内部裂纹出现(图 5 – 16)。这说明,再结晶试样的断裂不是从试样内部

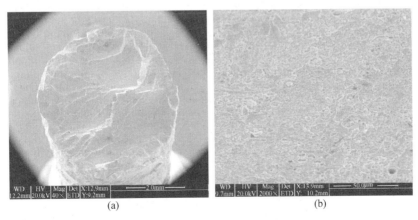

(a)　　　　　　　　　　　　(b)

图 5 – 15　760℃/785MPa 条件下再结晶试样的断口形貌
(a) 低倍形貌;(b) 剪切平面上的剪切韧窝。

图 5 – 16 760℃/785MPa 条件下再结晶试样断口附近的金相组织

起裂的微孔聚集型断裂,而是由滑移引起的断裂,基本属于纯剪切型断裂,位错的滑移过程起主要作用。由于再结晶层几乎没有承载能力,再结晶的出现意味着实际应力增大,使得{111}面上的分切应力大于滑移所需的临界切应力,所以再结晶试样在760℃/785MPa 条件下以滑移剪切的方式发生断裂。

5.2 疲 劳 行 为

利用图 5 – 17 所示的圆棒试样,通过喷丸预变形、1300℃/4h 热处理和疲劳试验,研究了再结晶对单晶 SRR99 合金低周疲劳性能的影响。疲劳试验采用总应变幅控制的拉压加载方式,试验温度为 760℃,应变幅 $\Delta\varepsilon_t/2 = 0.8\%$,加载波形为三角波,应变比 $R = -1$,应变速率为 5×10^{-3}。试验结果如表 5 – 1 所列。可以看出,和未喷丸试样相比,喷丸试样的疲劳寿命下降了 1/3 以上,个别试样的疲劳寿命下降了约90%。

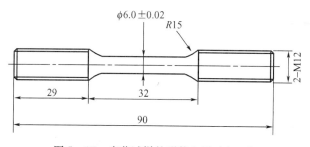

图 5 – 17 疲劳试样的形状和尺寸(mm)

表 5 - 1　　单晶 SRR99 合金喷丸预变形后 760℃低周疲劳寿命

喷丸气压/MPa	循环寿命	喷丸气压/MPa	循环寿命
未喷丸	3502	0.3MPa	241
未喷丸	2880	0.3MPa	507
未喷丸	1378	0.3MPa	464
0.2MPa	556	0.4MPa	401
0.2MPa	508	0.4MPa	359
0.2MPa	209	0.4MPa	343

　　未喷丸试样和喷丸试样的断口宏观特征基本相似,均由一个或多个与拉伸轴约成45°角的平面构成。未喷丸试样的疲劳裂纹起源于表面,喷丸试样源区附近的再结晶晶粒剥落现象比较明显,疲劳裂纹起源于较大的再结晶晶粒剥落处,如图 5 - 18 所示。

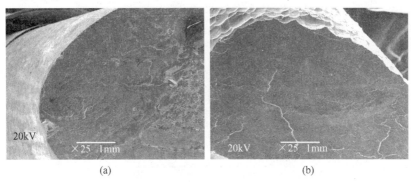

图 5 - 18　单晶 SRR99 合金 760℃低周疲劳试样断口源区形貌
(a) 未再结晶试样;(b) 再结晶试样。

　　对各断口源区附近再结晶所引起的最大缺口深度进行测量,并将缺口深度与疲劳寿命的关系画成曲线,如图 5 - 19 所示。可以看出,随着源区最大缺口深度的增加,试样疲劳寿命逐渐下降。

　　在靠近断口且再结晶层没有剥落的区域截取横截面,然后测量横截面上再结晶层的平均深度,并将再结晶层深度与疲劳寿命之间的关系画成曲线,如图 5 - 20 所示。可以看出,随着横截面上再结晶层深度的增加,疲劳寿命整体呈下降趋势,但是分散度比较大,趋势不明显。

　　单晶高温合金不含或少含晶界强化元素,发生再结晶后,再结晶晶界很弱,裂纹易在再结晶晶界处萌生和扩展。在疲劳试验过程中,再结晶层很快开裂,使得再结晶晶粒和基体之间呈微观"剥离"态。再结晶晶粒"剥离"后,相当于基体表层存在一个缺口。再结晶晶粒大小存在不均匀性,大的晶粒剥落后所引起的缺口效应

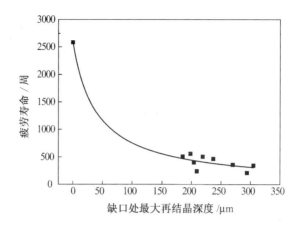

图 5-19 断口源区附近最大缺口深度与低周疲劳寿命之间的关系

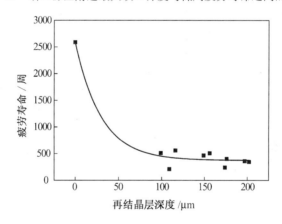

图 5-20 再结晶层平均深度与低周疲劳寿命之间的关系

更加严重,疲劳裂纹易从大的晶粒与基体的界面处起源。源区处晶粒越大,形成的缺口效应也就越大,疲劳裂纹越容易起源,试样的疲劳寿命也就越低。

试验过程中,再结晶层剥落后相当于试样的直径减小了,由于试验采用的是总应变幅控制,直径减小不会显著减低试样的疲劳寿命,也就是说再结晶层深度对试样的疲劳寿命没有直接的影响。试验结果显示,单晶 SRR99 合金疲劳寿命随再结晶深度增加,整体上呈下降趋势。可能是因为随着喷丸压力增大,再结晶层不均匀性增大,个别再结晶晶粒更容易长大所致。

Goldschmidt 等人[7]研究了再结晶对单晶 CMSX-6 合金 850℃高周疲劳性能的影响。结果显示,表面再结晶使合金高周疲劳强度显著下降,再结晶试样的疲劳强度仅为未再结晶试样的 1/2。再结晶试样经过几个应力循环后,再结晶晶界已经产生裂纹。再结晶晶界开裂后,再结晶晶粒往往会从基体上完全剥落,疲劳裂纹从晶粒剥落后的边缘起源。

　　Okazaki 等人[8]研究了局部胞状再结晶对单晶 CMSX - 4 合金高温疲劳性能的影响。结果显示,未再结晶试样的疲劳寿命远高于再结晶试样的疲劳寿命。此外,他们还观察了胞状再结晶对于疲劳小裂纹的扩展行为的影响。他们发现,疲劳裂纹主要起源于胞状再结晶区和基体的界面处,再结晶试样的疲劳裂纹扩展速率明显快于未再结晶试样的疲劳裂纹扩展速率,并且再结晶试样的疲劳裂纹大部分在较低的应力强度因子水平上扩展。

　　以上研究均表明,再结晶区是疲劳裂纹核心产生的主要区域,疲劳裂纹极易在再结晶晶粒与基体的结合处萌生,这是再结晶显著降低单晶高温合金疲劳性能的主要原因。

5.3　疲劳 - 蠕变行为

　　利用图 5 - 17 所示的圆棒试样,通过喷丸预变形、1300℃/4h 热处理和疲劳 - 蠕变试验,研究了再结晶对单晶 SRR99 合金疲劳 - 蠕变性能的影响。疲劳 - 蠕变试验采用总应变幅控制的拉压加载方式,试验温度为 760℃,应变幅 $\Delta\varepsilon_t/2 = 0.8\%$,加载波形为上梯形波(在最大拉应变时保持 30s),应变比 $R = -1$,应变速率为 5×10^{-3}。试验结果如表 5 - 2 所列。可以看出,和未喷丸试样相比,喷丸试样的疲劳 - 蠕变寿命下降了 2/3 以上。

表 5 - 2　单晶 SRR99 合金喷丸预变形后 760℃疲劳 - 蠕变寿命

喷丸气压/MPa	循环寿命	喷丸气压/MPa	循环寿命
未喷丸	2836	0.3MPa	448
未喷丸	2759	0.3MPa	830
未喷丸	3384	0.3MPa	418
0.2MPa	1142	0.4MPa	568
0.2MPa	120	0.4MPa	1086
0.2MPa	1052	0.4MPa	158

　　疲劳 - 蠕变试样的断口特征和疲劳试样相似,各断口均由一个或多个与拉伸轴约成 45°角的平面构成。未喷丸试样的疲劳裂纹起源于表面,喷丸试样源区附近的再结晶晶粒剥落现象比较明显,疲劳裂纹起源于较大的再结晶晶粒剥落处,如图 5 - 21 所示。

　　对各断口源区附近的再结晶所引起的最大缺口深度进行测量,并将缺口深度

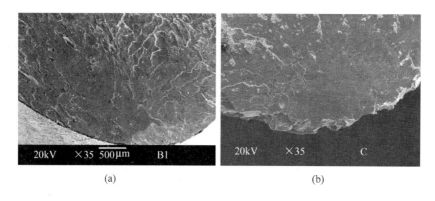

| (a) | (b) |

图5-21　单晶SRR99合金760℃疲劳-蠕变试样断口源区形貌

（a）未再结晶试样；（b）再结晶试样。

与疲劳-蠕变寿命的关系画成曲线,如图5-22所示。可以看出,随着源区最大缺口深度的增加,试样疲劳-蠕变寿命逐渐下降。

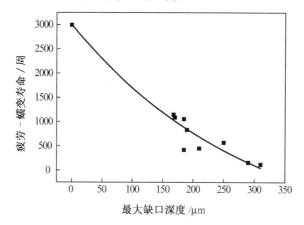

图5-22　断口源区附近最大缺口深度与疲劳-蠕变寿命之间的关系

　　在靠近断口且再结晶层没有剥落的区域截取横截面,然后测量横截面上再结晶层的平均深度,并将再结晶层深度与疲劳-蠕变寿命之间的关系画成曲线,如图5-23所示。可以看出,随着横截面上再结晶层深度的增加,疲劳-蠕变寿命整体呈下降趋势,但是分散度比较大,趋势不明显。

　　在疲劳或疲劳-蠕变试验过程中,再结晶晶界很快开裂,形成的缺口效应促进了疲劳裂纹的萌生。再结晶试样疲劳、疲劳-蠕变性能的下降主要与源区处再结晶晶粒引起的缺口效应有关,随着源区处再结晶所引起的缺口深度的增加,合金疲劳、疲劳-蠕变性能逐渐下降。在应变幅控制的试验条件下,再结晶层平均厚度与疲劳、疲劳-蠕变性能的下降没有明显的关系。

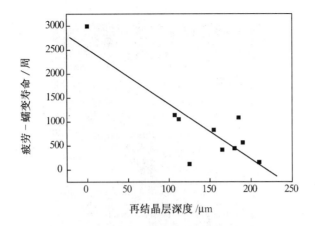

图 5 - 23　再结晶层深度与疲劳 - 蠕变寿命之间的关系

5.4　含再结晶单晶高温合金叶片断裂的实例分析

5.4.1　叶片断裂故障的特点

某发动机在进行性能试验时,出现异常振动,经分解发现燃气涡轮工作叶片中有 2 片发生断裂,其他部分叶片有不同程度的撞击痕迹,所有叶片叶尖未发现明显的刮磨痕迹。叶片材料为 AM3 单晶高温合金。

断裂叶片宏观形貌如图 5 - 24 所示。1#叶片的断裂位置在叶身 2/3 高度处,贯穿叶片的整个横截面,2#叶片的断裂位置在排气边端角,仅断　个边角。两个叶片的断口表面粗糙,均呈大小不等的多晶面,并可见氧化色特征,如图 5 - 25 所示。

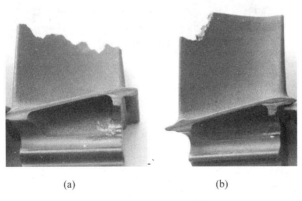

(a)　　　　　　　　　　　　(b)

图 5 - 24　断裂叶片宏观形貌

(a) 1#叶片; (b) 2#叶片。

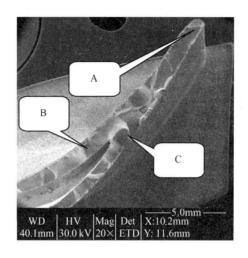

图 5-25　1#叶片断口宏观形貌

　　1#叶片与2#叶片的断口微观形貌基本一样,因而以1#叶片为代表描述其断口微观特征。1#叶片靠近排气边的断口上可见沿晶界断裂特征以及疲劳条带形貌,为裂纹首先萌生的区域,见图5-26。断口其他区域均呈沿晶断裂特征,未见疲劳条带,局部可见掉块现象,见图5-27。

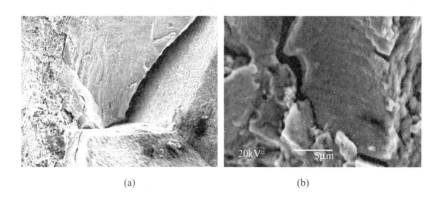

(a)　　　　　　　　　　　　　　　　(b)

图 5-26　靠近排气边的沿晶断裂特征和疲劳条带形貌
(a) 图5-25中A区放大;(b) 疲劳条带。

　　从1#叶片断口以下5mm左右部位及叶根部位沿横截面切取金相试样进行组织观察。观察发现,两个截面均被大小不等的晶粒所覆盖,大的晶粒尺寸超过1mm,如图5-28所示。这说明1#叶片已发生了严重的再结晶。叶片大部分区域γ′相呈立方体形状,弥散分布在γ基体中(图5-29(a)),叶片边缘靠近涂层区域γ′相呈筏排状(图5-29(b))。

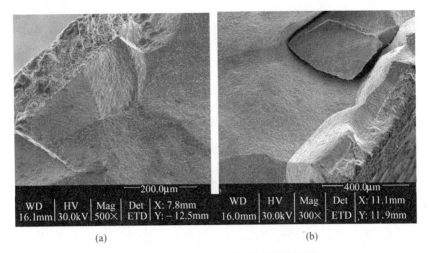

图 5 - 27　断口其他区域的沿晶断裂特征

（a）图 5 - 25 中 B 区放大；（b）图 5 - 25 中 C 区放大。

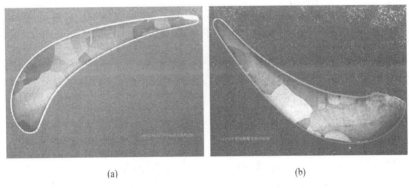

图 5 - 28　1#叶片再结晶形貌

（a）断口下方约 5mm 处再结晶形貌；（b）叶片根部再结晶形貌。

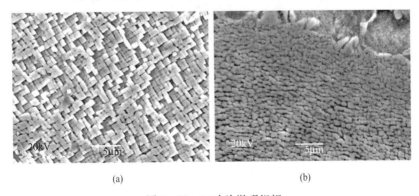

图 5 - 29　1#叶片微观组织

（a）叶片立方状 γ′相；（b）叶片边缘筏排状组织。

5.4.2　叶片断裂失效的模式和原因

　　1#叶片整个断口都呈沿晶断裂特征,靠近断口区域整个横截面都被再结晶晶粒所覆盖,因此可以推断,沿晶断裂特征是由于裂纹沿着再结晶晶界扩展所致。在定向凝固和单晶高温合金中,为了提高合金的初熔温度,尽可能地减少 B、Hf、Zr 和 C 等晶界强化元素,发生再结晶后,再结晶晶界很弱,服役过程中易在再结晶晶界及再结晶区与基体材料的界面处萌生裂纹,使合金的性能大为降低。叶片排气边处壁厚较小,所受的应力较大,因此,疲劳裂纹首先从排气边垂直于主应力方向的晶界处萌生并扩展。由于整个横截面都被再结晶晶粒所覆盖,疲劳裂纹可以沿再结晶晶界快速扩展,导致叶片在试验初期就发生断裂,并且只在排气边附近小范围区域可以见到疲劳条带。2#叶片的断口特征与1#叶片相似,因此可以推断2#叶片与1#叶片具有相同的断裂性质和断裂原因。

　　1#叶片边缘靠近涂层区域 γ' 相呈筏排状,其他区域 γ' 相呈立方体形状。叶片边缘微观组织与其他区域的微观组织有较大差异,与叶片表面受到高温气体影响有关。

　　由于叶片发生疲劳断裂的根本原因是叶片存在严重的再结晶,因此需对再结晶产生的过程与原因进行分析。金属材料出现再结晶组织有两个途径:①金属材料经过一定的冷变形(塑性变形),在高温下(超过再结晶温度)可发生再结晶;②金属材料在再结晶温度以上在慢速拉伸条件下产生动态再结晶。对于单晶合金叶片而言,叶片出现再结晶组织可能由以下三个途径所致:①叶片固溶热处理前存在一定的塑性变形,在固溶热处理过程中形成再结晶组织,也就是说,叶片在使用之前就已存在再结晶组织;②叶片在固溶热处理之后使用之前发生一定的冷变形(塑性变形),在使用温度下发生了再结晶;③叶片在使用过程中发生了动态再结晶。

　　对于定向凝固和单晶高温合金,γ' 相的溶解是影响再结晶的关键因素。在 γ' 相固溶温度以下,再结晶以不连续的胞状组织的形式发生,并且再结晶层厚度一般较小;在 γ' 相固溶温度以上,再结晶以完整晶粒的形式发生,再结晶层厚度会大得多。对于单晶 AM3 高温合金而言,γ' 相固溶温度在 1300℃左右,而叶片的使用温度为 1000℃左右。在使用温度下,几乎没有 γ' 相粒子溶化,它们的存在会阻碍再结晶的进行。即使在使用温度下发生了再结晶,出现的也是胞状组织,而不是完整的再结晶晶粒,并且再结晶层会比较薄。因此,可以排除叶片在固溶热处理之后发生一定的塑性变形随后在使用过程中发生再结晶的可能性。根据参考文献[9],定向凝固和单晶高温合金叶片在使用过程中可能会发生动态再结晶,但是动态再结晶晶粒一般只出现在叶片表面的 γ' 相贫化层内,而且厚度一般不超过 20μm。由于叶片整个截面都被再结晶晶粒所覆盖,所以可以排除叶片在使用过程中发生了动态再结晶的可能性。

为了进一步找出再结晶形成的原因,设计了再结晶模拟试验。在不同气压下对铸态单晶叶片进行不同时间喷砂处理,然后在固溶温度下进行 3h 真空热处理,热处理后对叶片按图 5 - 30 所示Ⅰ-Ⅰ、Ⅱ-Ⅱ位置切割磨制金相试样,观察叶片再结晶特征和变化规律。

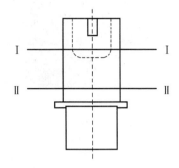

图 5 - 30　叶片金相解剖
分析位置图

单晶叶片经不同压力和时间喷砂后再结晶情况如表 5 - 3 所列。由表 5 - 3 可知,当喷砂压力足够小并且时间足够短时,在固溶处理过程中可以避免再结晶的发生。随着喷砂压力增加或者时间延长,将不可避免发生再结晶。随着喷砂压力或时间增加,再结晶程度总体上呈严重趋势;在相同的喷砂压力和时间下,叶片空心部位以及排气边部位等壁厚较薄处的再结晶程度明显较叶片进气边部位等壁厚较厚处严重;当喷砂压力或时间达到一定值时,叶片空心部位、进气边部位等壁厚较薄处首先出现贯穿性再结晶。图 5 - 31 所示为 0.65MPa/90s 喷砂条件下形成的贯穿性再结晶形貌。

表 5 - 3　单晶叶片经喷砂和固溶处理后再结晶情况

喷砂压力/MPa	喷砂时间/s	再结晶情况
0.05	10	无
0.25	30	叶片表面有明显再结晶,叶片的排气边和空心薄壁部位再结晶层较深,最深部位再结晶深度可达 $100\mu m$。其他部位再结晶深度一般在 $70\mu m$ 左右
0.4	30	叶片的排气边和空心薄壁部位再结晶层深度大约为 $130\mu m$,进气边部位再结晶深度在 $100\mu m$ 左右
0.4	60	在叶片空心薄壁处出现了一个贯穿性再结晶晶粒,其他部位再结晶深度一般不超过 $120\mu m$,个别晶粒最大可达 $200\mu m$ 左右
0.65	30	在叶片Ⅰ-Ⅰ截面的排气边和空心部位都出现了贯穿性再结晶,其他部位再结晶层深度一般不超过 $150\mu m$
0.65	60	在叶片Ⅰ-Ⅰ截面的排气边和空心部位可看到贯穿性再结晶,在Ⅱ-Ⅱ截面部位再结晶层深度一般在 $120\mu m$ 左右
0.65	90	叶片Ⅰ-Ⅰ截面的排气边、空心部位和Ⅱ-Ⅱ截面的排气边都存在贯穿性再结晶,叶片再结晶十分严重

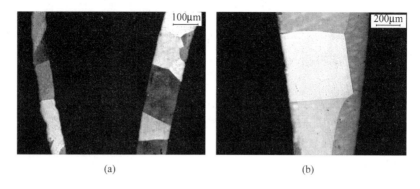

(a)   (b)

图 5-31 0.65MPa/90s 喷砂条件下叶片不同部位再结晶形貌

(a) Ⅰ-Ⅰ截面空心部位;(b) Ⅱ-Ⅱ截面排气边。

根据模拟试验结果,可以确定叶片再结晶出现在固溶处理过程中。喷砂导致叶片产生塑性变形,在随后的固溶处理过程中塑性变形区发生再结晶。喷砂压力和时间是控制再结晶程度的关键因素。当喷砂压力足够小并且时间足够短时,在固溶处理过程中可以避免再结晶的发生。随着喷砂压力增加或者时间延长,再结晶程度逐渐严重。为了防止单晶叶片发生再结晶,从制造工艺入手,可以采取以下措施:

(1) 在铸造模具上进行反变形设计;

(2) 尽可能实行精密铸造,使后续的加工量尽可能小;

(3) 在加工过程中严格控制变形量;

(4) 工序控制合理,尽可能将冷变形控制在固溶热处理之后;

(5) 进行再结晶检查,对再结晶厚度按标准严格控制。

参考文献

[1] Zhang B,Tao C H,Lu X,et al. Influence of recrystallization on high-temperature stress rupture property and fracture behavior of single crystal superalloy. Materials Science and Engineering A,2012,551:149.

[2] Hopgood A A,Martin J W. The creep behavior of a nickel-based single-crystal superalloy. Materials Science and Engineering,1986,82:27.

[3] Xie G,Wang L,Zhang J,et al. Influence of recrystallization on the high-temperature properties of a directionally solidified Ni-base superalloy. Metallurgical and Materials Transactions A,2008,39A:206.

[4] Khan T,Caron P,Nakagawa Y G. Mechanical behavior and processing of DS and single crystal superalloys. Journal of Metals,1986,(7):16.

[5] 王东林. 几种镍基高温合金再结晶问题的研究. 沈阳:中国科学院金属研究所,2006.

[6] 张兵,刘德林,陶春虎,等. 表面再结晶对单晶高温合金 SRR99 中温持久性能及断裂行为的影响. 航空材料学报,2012,32(6):85.

[7] Goldschmidt D,Paul U,Sahm P R. Porosity clusters and recrystallization in single-crystal components. Superal-

loys 1992. Warrendale：TMS,1992：155.

[8] Okazaki M,Hiura T,Suzuki T. Effect of local cellular transformation on fatigue small crack growth in CMSX-4 and CMSX-2 at high temperature. Superalloys 2000. Warrendale：TMS,2000：505.

[9] Li Y J,Tao C H,Zhang W F. Dynamic recrystallization behavior of a directionally solidified superalloy. Advanced Engineering Materials,2007,(10)：867.

第6章　含再结晶层定向凝固高温合金的力学行为

再结晶层在物理和力学行为上与定向凝固高温合金有明显差异,且存在明显的界面,因此,实质上含表面再结晶层的定向凝固高温合金叶片属"表层/基体"材料系统。

有关表面层与基体材料的交互作用的研究一直受到重视。表面层与基体材料之间存在着相互作用力,作用力的大小与 E_c/E_s 相关(E_c 为表面层的弹性模量,E_s 为基体材料的弹性模量)。

本章介绍了采用变分力学的方法,以最小余能原理为基础,给出了含再结晶表层的定向凝固高温合金的界面断裂力学模型,着重介绍含再结晶表层与基体的厚度、再结晶表层裂纹密度以及表层与基体材料差异对系统应力的影响。本章介绍的含再结晶表层定向凝固高温合金的界面断裂力学模型,没有考虑实际叶片几何形状以及再结晶层与基体之间界面的形状因素。

6.1　"表层/基体"材料系统失效分析的力学基础

表面再结晶层对定向凝固高温合金力学性能的影响,与再结晶层的厚度、表面微裂纹的密度、基体和表面各向异性力学性能的差异以及载荷强度关系密切。因此在建立含界面的力学模型时,以最小余能原理为基础,应用多层板结构的变分力学分析方法,建立一个含表面薄膜层和各向异性材料基体的断裂力学模型,它考虑了表面层和基体间界面的过渡问题,考虑了表面裂纹的分布密度。可以获得在外力作用下再结晶表层含裂纹时的"再结晶层/基体"系统的应力状态。

对于这样的"再结晶层/基体"系统,当系统受到外载荷作用时,开始在表面层内产生裂纹,当再结晶薄层的裂纹扩展至界面时,可能发生几种失效模式[1]:①表面脆化[2,3],裂纹扩展至基体,导致基体失效;②分层断裂,裂纹扩展方向发生改变,沿着薄层/基体界面传播;③多裂纹的扩展止于界面处[1,4],进一步加载导致表层新裂纹的产生和扩展,直到达到一定的密度后向基体内或沿界面传播。

本章建立的模型适应于第三种情况,即多裂纹形成的材料"表面/基体"系统的失效模式。

6.2　多层结构系统的应力分析

6.2.1　多层结构系统

Kim 等[5]考虑了一个在 $x \sim z$ 平面内受任意初始应力状态的多层(n 层)无初始裂纹系统,基本结构如图 $6-1$ 所示。其中 x 轴平行于层的轴向,z 轴沿结构的横向(即沿层的厚度方向),t_i 分别为各层的厚度,ξ、ζ 分别为沿 x、z 轴方向的无量纲坐标,如图 $6-1$ 所示,$\xi = x/t_*$,$\zeta = \dfrac{z - z_0^{(i)}}{t_i}$,$z_0^{(i)}$ 是第 i 层起始处 z 向的坐标,t_* 为基准长度。

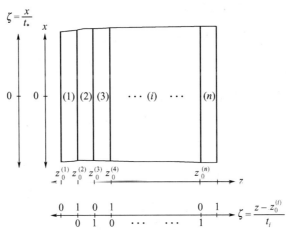

图 $6-1$　无初始裂纹的 n 层结构的坐标系统

6.2.2　许可的应力状态

对于 $x \sim z$ 平面内的应力状态,设初始应力函数为 $\Phi_0^{(i)}$($i = 1, 2, \cdots, n$),转化为无量纲系统 $\xi \sim \zeta$ 下进行分析,则初始应力分量可以表示为

$$\sigma_{xx,0}^{(i)} = \frac{\partial^2 \Phi_0^{(i)}}{\partial z^2} = \frac{1}{t_i^2} \frac{\partial^2 \Phi_0^{(i)}}{\partial \zeta^2} \tag{6-1}$$

$$\sigma_{xz,0}^{(i)} = -\frac{\partial^2 \Phi_0^{(i)}}{\partial x \partial z} = -\frac{1}{t_i t_*} \frac{\partial^2 \Phi_0^{(i)}}{\partial \xi \partial \zeta} \tag{6-2}$$

$$\sigma_{zz,0}^{(i)} = \frac{\partial^2 \Phi}{\partial x^2} = \frac{1}{t_*^2} \frac{\partial^2 \Phi_0^{(i)}}{\partial \xi^2} \tag{6-3}$$

令

$$\Phi_0^{(i)}(\xi, \zeta) = t_i^2 \phi^{(i)}(\xi, \zeta) \tag{6-4}$$

则式(6-1)~式(6-3)可简化为

$$\sigma_{xx,0}^{(i)} = \phi_{\zeta\zeta}^{(i)}, \quad \sigma_{xz,0}^{(i)} = -\lambda_i \phi_{\xi\zeta}^{(i)}, \quad \sigma_{zz,0}^{(i)} = \lambda_i^2 \phi_{\xi\xi}^{(i)} \tag{6-5}$$

式中：$\lambda_i = t_i/t_*$，$\phi^{(i)}$中下标表示对无量纲变量的偏微分；应力项中的下标 0 表示初始应力。

接下来分析在外载荷作用下系统出现裂纹后的应力状态。在本章的分析过程中，只考虑垂直于 x 轴方向且穿透层厚的裂纹，其形成可以简要地表示为图 6-2 所示的过程。图 6-2(a)表示表面层已经存在的两个穿透层厚的裂纹，图 6-2(b)表示在外载荷作用下两裂纹间某处有新裂纹萌生，该裂纹扩展至图 6-2(c)所示穿透层厚的完整裂纹。对单个裂纹的萌生及扩展的研究比较复杂，而且如图 6-2 所示的含裂纹的层厚都较小，也即为薄层结构，所以只对直接从图 6-2(a)~(c)的裂纹形成过程进行分析。

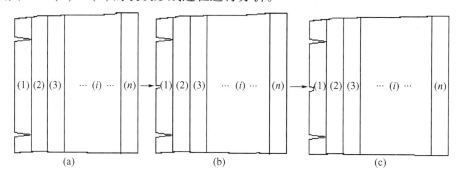

图 6-2　两裂纹间新裂纹的形成

(a) 两个已经存在的裂纹；(b) 新裂纹的萌生；(c) 新裂纹扩展至穿透层厚的裂纹。

产生裂纹后系统的应力可表示为

$$\sigma_{xx}^{(i)} = \sigma_{xx,0}^{(i)} + \sigma_{xx,p}^{(i)} \tag{6-6}$$

$$\sigma_{xz}^{(i)} = \sigma_{xz,0}^{(i)} + \sigma_{xz,p}^{(i)} \tag{6-7}$$

$$\sigma_{zz}^{(i)} = \sigma_{zz,0}^{(i)} + \sigma_{zz,p}^{(i)} \tag{6-8}$$

而对于因裂纹的产生而导致的应力的变化 $\sigma_{kl,p}^{(i)}$（即扰动应力），可通过选择许可的应力函数而得以简化，然后再利用最小余能原理，采用变分力学的方法进行计算。鉴于研究对象是定向凝固高温合金基体表面含有再结晶薄层的结构，理论推导过程中对上述结构进行简化。

6.3　简化结构的应力分析

6.3.1　简化后的结构

对于含表面再结晶的定向凝固高温合金,实际上是在厚度较大的基体表面含有厚度较小的薄层,理论上要把系统划分为多层,在足够大的层数范围内,变分解接近于真实解。但要得到解析解,只能分析较少的层数。这里取三层,分别为记作表面层(表面再结晶)、界面层(基体内厚度与再结晶表层相当且与表层相邻的区域)以及基体层(基体内除界面层外的部分),如图 6 – 3 所示。

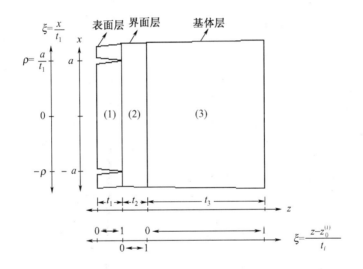

图 6 – 3　表面层 $x = \pm a$ 处两裂纹间部分的坐标系统

下面要分析的是在外载荷作用下,在再结晶表层内出现裂纹后系统的应力状态。这里考虑的是垂直于 x 轴方向的穿透裂纹,即裂纹深度与再结晶表层厚度相等,且分析的过程是在表面层中出现多裂纹(视为周期性多裂纹),直至出现其他形式的破坏而导致整个结构的失效。在外力作用过程中,随着再结晶表层中多裂纹的出现,系统的应力状态将会随之发生变化。设两裂纹间距为 $2a$,定义 $\rho = a/t_*$,为表征裂纹间距的无量纲参数。为简化推导过程,这里取裂纹长度 $t_* = t_1$。

6.3.2　结构应力状态的分析

再结晶表层内出现如图 6 – 2 所示的裂纹后,各层的应力项可表示为式(6 – 6) ~ 式(6 – 8)所示两部分和的形式:

$$\sigma_{kl}^{(i)} = \sigma_{kl,0}^{(i)} + \sigma_{kl,p}^{(i)} \qquad (6-9)$$

式中：$\sigma_{kl,0}^{(i)}$为初始应力；$\sigma_{kl,p}^{(i)}$为由于表层横向裂纹的出现而导致应力的变化，即为扰动应力。

为简化模型，这里作且仅作一个假设：由于裂纹的出现而导致各层 x 轴方向拉伸应力的变化与该层 x 轴方向初始拉伸应力成比例，比例函数是与层有关且关于变量 ξ 的函数，与变量 ζ 无关，记作 $-\psi_i(\xi)$。则出现裂纹后各层 x 轴方向拉伸应力可表示为

$$\sigma_{xx}^{(i)} = \phi_{\zeta\zeta}^{(i)}(1 - \psi_i(\xi)) \qquad (6-10)$$

对于产生裂纹后的系统，由平衡方程以及要满足的假设条件式(6-10)的要求，给出一个包含所有可能的应力状态的应力函数 $\Phi^{(i)}$：

$$\Phi^{(i)}(\xi,\zeta) = t_i^2[\phi^{(i)}(\xi,\zeta)(1 - \psi_i(\xi)) + f_i(\xi)\zeta + g_i(\xi)] \qquad (6-11)$$

式中：$f_i(\xi)$、$g_i(\xi)$为两个关于 ξ 的未知函数，则产生裂纹后各应力项可表示为

$$\sigma_{xx}^{(i)} = \phi_{\zeta\zeta}^{(i)}(1 - \psi_i(\xi) = \sigma_{xx,0}^{(i)} + \sigma_{xx,p}^{(i)} \qquad (6-12)$$

$$\sigma_{xz}^{(i)} = -\lambda_i\left[\phi_{\xi\zeta}^{(i)} - \frac{\partial}{\partial\xi}(\psi_i\phi_\zeta^{(i)} - f_i)\right] = \sigma_{xz,0}^{(i)} + \sigma_{xz,p}^{(i)} \qquad (6-13)$$

$$\sigma_{zz}^{(i)} = \lambda_i^2\left[\phi_{\xi\xi}^{(i)} - \frac{\partial^2}{\partial\xi^2}(\psi_i\phi^{(i)} - f_i\zeta - g_i)\right] = \sigma_{zz,0}^{(i)} + \sigma_{zz,p}^{(i)} \qquad (6-14)$$

未知函数 f_i、g_i 可由边界条件和层间应力连续性来消除，故各层的应力状态可以仅用函数 $\psi_i(\xi)$ 来表示。对于初始无裂纹结构，初始应力 $\sigma_{kl,0}^{(i)}$ 满足边界零应力条件以及界面应力连续性条件，而出现裂纹后系统的应力 $\sigma_{kl}^{(i)}$ 同样也要满足这些条件，故对于扰动应力应满足的边界条件及连续性条件可以表示为如下形式。

边界零应力条件：

$$\sigma_{xz,p}^{(1)}(\xi,0) = 0, \quad \sigma_{zz,p}^{(1)}(\xi,0) = 0,$$

$$\sigma_{xz,p}^{(3)}(\xi,1) = 0, \quad \sigma_{zz,p}^{(3)}(\xi,1) = 0 \qquad (6-15)$$

界面应力连续性条件：

$$\sigma_{xz,p}^{(1)}(\xi,1) = \sigma_{xz,p}^{(2)}(\xi,0), \quad \sigma_{xz,p}^{(2)}(\xi,1) = \sigma_{xz,p}^{(3)}(\xi,0) \qquad (6-16)$$

$$\sigma_{zz,p}^{(1)}(\xi,1) = \sigma_{zz,p}^{(2)}(\xi,0), \quad \sigma_{zz,p}^{(2)}(\xi,1) = \sigma_{zz,p}^{(3)}(\xi,0) \qquad (6-17)$$

通过以上得

$$f_1 = \psi_1(\xi)\phi_\zeta^{(1)}(\xi,0) \qquad (6-18)$$

$$f_2 = \psi_2(\xi)\phi_\zeta^{(2)}(\xi,0) - \frac{\lambda_1}{\lambda_2}\psi_1(\xi)\langle\phi_{\zeta\zeta}^{(1)}\rangle \qquad (6-19)$$

$$f_3 = \psi_3(\xi)\phi_\zeta^{(3)}(\xi,0) - \frac{\lambda_2}{\lambda_3}\psi_2(\xi)\langle\phi_{\zeta\zeta}^{(2)}\rangle - \frac{\lambda_1}{\lambda_2}\psi_3(\xi)\langle\phi_{\zeta\zeta}^{(1)}\rangle \qquad (6-20)$$

$$g_1 = \psi_1(\xi)\phi^{(1)}(\xi,0) \qquad (6-21)$$

$$g_2 = \psi_2(\xi)\phi^{(2)}(\xi,0) - \frac{\lambda_1^2}{\lambda_2^2}(\psi_1(\xi)\langle\phi_\zeta^{(1)}\rangle - \psi_1(\xi)\phi_\zeta^{(1)}(\xi,0)) \qquad (6-22)$$

$$g_3 = \psi_3(\xi)\phi^{(3)}(\xi,0) - \frac{\lambda_2^2}{\lambda_3^2}\psi_2(\xi)\phi^{(2)}(\xi,1) + \frac{\lambda_1^2}{\lambda_3^2}\psi_2\phi_\zeta^{(2)}(\xi,0) -$$

$$\frac{\lambda_1\lambda_2}{\lambda_3^2}\psi_1\langle\phi_{\zeta\zeta}^{(1)}\rangle + \frac{\lambda_2^2}{\lambda_3^2}\psi_2\phi^{(2)}(\xi,0) - \frac{\lambda_1^2}{\lambda_3^2}\psi_1\langle\phi_\zeta^{(1)}\rangle +$$

$$\frac{\lambda_1^2}{\lambda_3^2}\psi_1\phi_\zeta^{(1)}(\xi,0) \qquad (6-23)$$

式中：$\langle\phi_{\zeta\zeta}^{(i)}\rangle = \int_0^1 \mathrm{d}\zeta\phi_{\zeta\zeta}^{(i)}$，表示 $\phi_{\zeta\zeta}^{(i)}$ 的值在 ζ 方向的平均。分别代入式（6-11），可得到各应力函数的表达式：

$$\Phi^{(1)}(\xi,\zeta) = \Phi_0^{(1)}(\xi,\zeta) - t_1^2\psi_1(\xi)\int_0^\zeta \mathrm{d}\zeta' \int_0^{\zeta'} \mathrm{d}\zeta''\phi_{\zeta\zeta}^{(1)} \qquad (6-24)$$

$$\Phi^{(2)}(\xi,\zeta) = \Phi_0^{(2)}(\xi,\zeta) - t_2^2\psi_2(\xi)\int_0^\zeta \mathrm{d}\zeta' \int_0^{\zeta'} \mathrm{d}\zeta''\phi_{\zeta\zeta}^{(2)} -$$

$$t_1 t_2\zeta\psi_1(\xi) - t_1^2\psi_1(\xi)\langle\int_0^\zeta \mathrm{d}\zeta'\phi_{\zeta\zeta}^{(1)}\rangle \qquad (6-25)$$

$$\Phi^{(3)}(\xi,\zeta) = \Phi_0^{(3)}(\xi,\zeta) - t_3^2\psi_3(\xi)\int_0^\zeta \mathrm{d}\zeta' \int_0^{\zeta''} \mathrm{d}\zeta''(\phi_{\zeta\zeta}^{(3)} - t_1 t_3\zeta\psi_1(\xi)\langle\phi_\zeta^{(1)}\rangle -$$

$$t_1 t_2\psi_1(\xi)\langle\phi_\zeta^{(1)}\rangle - t_1^2\psi_1(\xi)\langle\int_0^\zeta \mathrm{d}\zeta'\phi_{\zeta\zeta}^{(1)}\rangle -$$

$$t_2 t_3\zeta\psi_2(\xi)\langle\phi_{\zeta\zeta}^{(2)}\rangle - t_2^2\psi_2(\xi)\langle\int_0^\zeta \mathrm{d}\zeta'\phi_{\zeta\zeta}^{(2)}\rangle) \qquad (6-26)$$

为简化表达式的形式，记

$$\Psi_i(\xi) = \psi_i(\xi)\langle\phi_{\zeta\zeta}^{(i)}\rangle \qquad (6-27)$$

$$\varphi_i(\xi,\zeta) = \frac{\int_0^\zeta \mathrm{d}\zeta'' \int_0^{\zeta'} \mathrm{d}\zeta''\phi_{\zeta\zeta}^{(i)}}{\langle\phi_{\zeta\zeta}^{(i)}\rangle} \qquad (6-28)$$

$$\lambda_{ji} = \sum_{k=j+1}^{i-1} \lambda_k \qquad (6-29)$$

$\Psi_i(\xi)$ 仅为 ξ 的函数,而 $\varphi_i(\xi,\zeta)$ 同时为 ξ 和 ζ 的函数。λ_{ji} 表示从第 j 层最右边到第 i 层最左边的距离,而对于如图 $6-3$ 所示的系统,即有 $\lambda_{12} = \lambda_{23} = 0$,$\lambda_{13} = \lambda_2$。则应力函数可简化为

$$\Phi^{(1)}(\xi,\zeta) = t_1^2(\phi^{(1)} - \Psi_1\varphi_1) \tag{6-30}$$

$$\Phi^{(2)}(\xi,\zeta) = t_2^2\left[\phi^{(2)} - \Psi_2\varphi_3 - \frac{\lambda_1}{\lambda_2^2}\Psi_1(\lambda_2\zeta + \lambda_1\langle\varphi_{1,\zeta}\rangle)\right] \tag{6-31}$$

$$\Phi^{(3)}(\xi,\zeta) = t_3^2\left\{\phi^{(3)} - \Psi_3\varphi_3 - \frac{1}{\lambda_3^2}[\lambda_1\Psi_1(\lambda_3\zeta + \lambda_2 + \lambda_1\langle\varphi_{1,\zeta}\rangle) + \right.$$
$$\left. \lambda_2\Psi_2(\lambda_3\zeta + \lambda_2\langle\varphi_{2,\zeta}\rangle)]\right\} \tag{6-32}$$

也即为

$$\Phi^{(i)}(\xi,\delta) = t_i^2\left[\phi^{(i)} - \Psi_i\varphi_i - \frac{1}{\lambda_i^2}\sum_{j=1}^{i-1}\lambda_j\Psi_j(\lambda_i\delta + \lambda_{ji} + \lambda_j\langle\varphi_{j,\delta}\rangle)\right] \quad (i = 1,2,3)$$
$$\tag{6-33}$$

代入式 $(6-12)$ ~式 $(6-14)$ 可得到扰动应力的表达式:

$$\sigma_{xx,p}^{(i)} = -\Psi_i\varphi_{i,\zeta\zeta} \tag{6-34}$$

$$\sigma_{xz,p}^{(i)} = \lambda_i\Psi_i'\varphi_{i,\zeta} + \sum_{j=1}^{i-1}\lambda_j\Psi_j' \tag{6-35}$$

$$\sigma_{zz,p}^{(i)} = -\lambda_i^2\Psi_i''\varphi_i - \sum_{j=1}^{i-1}\lambda_j\Psi_j''(\lambda_i\zeta + \lambda_{ji} + \lambda_j\langle\varphi_{j,\zeta}\rangle) \tag{6-36}$$

Ψ_i 并不是互相独立的,它们要满足整个结构的平衡条件,而无裂纹结构的初始应力已满足系统的这些平衡条件,故扰动应力应满足如下条件:

$$\sum_{i=1}^{3}\int_{z_0^{(i)}}^{z_f^{(i)}}dz\sigma_{xx,p}^{(i)} = 0 \Rightarrow \lambda_1\Psi_1 + \lambda_2\Psi_2 + \lambda_3\Psi_3 = 0 \tag{6-37}$$

$$\sum_{i=1}^{3}\int_{z_0^{(i)}}^{z_f^{(i)}}dz\sigma_{xx,p}(z - z_{mid}) = 0 \tag{6-38}$$

式中:$z_0^{(i)}$、$z_f^{(i)}$ 分别为第 i 层起点和终点的 z 坐标;z_{mid} 为结构中线位置坐标;尖括号代表沿厚度方向值的平均。由以上可得到 $\Psi_i(i=1,2,3)$ 应满足的关系:

$$\begin{cases} \lambda_1\Psi_1 + \lambda_2\Psi_2 + \lambda_3\Psi_3 = 0 \\ \lambda_1^2\Psi_1(1 - \langle\varphi_{1,\zeta}\rangle) + \Psi_2(\lambda_1\lambda_2 + \lambda_2^2(1 - \langle\varphi_{2,\zeta}\rangle)) + \\ \quad \Psi_3(\lambda_1\lambda_3 + \lambda_2\lambda_3 + \lambda_3^2(1 - \langle\varphi_{3,\zeta}\rangle)) = 0 \end{cases} \tag{6-39}$$

由式 $(6-39)$ 可得

$$\Psi_2 = -\frac{\lambda_1^2 \Psi_1 \varphi_{1,\zeta} + \lambda_1 \lambda_2 \Psi_1 + \lambda_1 \lambda_3 \Psi_1 - \lambda_1 \lambda_3 \Psi_1 \langle \varphi_{3,\zeta} \rangle}{\lambda_2 (\lambda_2 \langle \varphi_{2,\zeta} \rangle + \lambda_3 - \lambda_3 \langle \varphi_{3,\zeta} \rangle)} \tag{6-40}$$

$$\Psi_3 = \frac{\lambda_1^2 \Psi_1 \langle \varphi_{1,\zeta} \rangle + \lambda_1 \lambda_2 \Psi_1 - \lambda_1 \lambda_2 \Psi_1 \langle \varphi_{2,\zeta} \rangle}{\lambda_2 \lambda_3 \langle \varphi_{2,\zeta} \rangle + \lambda_3^2 - \lambda_3^2 \langle \varphi_{3,\zeta} \rangle} \tag{6-41}$$

可以证明应力状态式(6-12)~式(6-14)满足平衡条件、边界条件以及界面连续性条件,为许可的应力状态。由最小余能原理,使余能值最小的函数 $\Psi_i(\xi)$ 使计算结构最接近于该"表层/基体"系统真实的应力状态。可以通过把许可的应力状态代入余能函数中,利用变分的方法求其最小值来求解未知函数 $\Psi_i(\xi)$。

6.3.3　结构的应变余能

对于如图 6-3 所示的结构,其应变余能可表达为

$$\Gamma = \sum_{i=1}^{3} \frac{d}{2} \int_{x_i}^{x_f} dx \int_{z_0^{(i)}}^{z_f^{(i)}} dz S_{klmn}^{(i)} \sigma_{kl}^{(i)} \sigma_{mn}^{(i)}$$

$$= \sum_{i=1}^{3} \frac{d \lambda_i t_1^2}{2} \int_{\xi_i}^{\xi_f} d\xi \int_0^1 d\zeta S_{klmn}^{(i)} \sigma_{kl}^{(i)} \sigma_{mn}^{(i)} \tag{6-42}$$

式中: d 为 y 方向上结构的宽度; x_i、x_f 分别是第 i 层起点和终点的 x 坐标; $S_{klmn}^{(i)}$ 为第 i 层材料的柔度系数。

Hashin[6] 已经证明,含裂纹系统的总余能可以表示为无耦合的两部分余能之和的形式:

$$\Gamma = \Gamma_0 + \Gamma_p = \sum_{i=1}^{3} \frac{d \lambda_i t_1^2}{2} \int_{\xi_i}^{\xi_f} d\xi \int_0^1 d\zeta S_{klmn}^{(i)} \sigma_{kl,0}^{(i)} \sigma_{mn,0}^{(i)} +$$

$$\sum_{i=1}^{3} \frac{d \lambda_i t_1^2}{2} \int_{\xi_i}^{\xi_f} d\xi \int_0^1 d\zeta S_{klmn}^{(i)} \sigma_{kl,p}^{(i)} \sigma_{mn,p}^{(i)} \tag{6-43}$$

式中: Γ_0 为初始无裂纹结构的余能; Γ_p 为结构由于扰动应力而产生的余能的变化,也即扰动余能。

对于正交各向异性材料,其柔度矩阵 $\boldsymbol{S}^{(i)}$[7]($i = 1, 2, 3$)为

$$\boldsymbol{S}^{(i)} = \begin{pmatrix} S_{xx}^{(i)} & S_{xz}^{(i)} & 0 \\ S_{xz}^{(i)} & S_{zz}^{(i)} & 0 \\ 0 & 0 & S_{ss}^{(i)} \end{pmatrix} = \begin{pmatrix} \dfrac{1}{E_{xx}^{(i)}} & -\dfrac{\upsilon_{xz}^{(i)}}{E_{xx}^{(i)}} & 0 \\ -\dfrac{\upsilon_{xz}^{(i)}}{E_{xx}^{(i)}} & \dfrac{1}{E_{zz}^{(i)}} & 0 \\ 0 & 0 & \dfrac{1}{G_{xz}^{(i)}} \end{pmatrix}$$

式中: E、G、υ 分别为弹性模量、剪切模量和泊松比。考虑到裂纹的周期性,所以这

里只分析各层内两裂纹间的部分,即各层内在 $-\rho < \xi < \rho, 0 < \zeta < 1$ 之间的区域。

由式(6-43)可得扰动余能为

$$\Gamma_p = \sum_{i=1}^{3} \frac{\mathrm{d}\lambda_i t_1^2}{2} \int_{-\rho}^{\rho} \mathrm{d}\xi \int_0^1 \mathrm{d}\zeta S_{klmn}^{(i)} \sigma_{kl,p}^{(i)} \sigma_{mn,p}^{(i)} \qquad (6-44)$$

代入扰动应力的表达式可得到:

$$\Gamma_p = \sum_{i=1}^{3} \frac{\mathrm{d}\lambda_i t_1^2}{2} \int_{-\rho}^{\rho} \mathrm{d}\xi \int_0^1 \mathrm{d}\zeta \Big(S_{zz}^{(i)} \Big(\lambda_i^2 \varphi_i \Psi_{i,\xi\xi} + \sum_{j=1}^{i-1} \lambda_j \Psi_{j,\xi\xi} (\lambda_i \zeta + \lambda_{ji} + \lambda_j \langle \varphi_{j,\zeta} \rangle) \Big)^2 +$$

$$\Psi_i \varphi_{i,\zeta\zeta} \Big(S_{xx}^{(i)} \Psi_i \varphi_{i,\zeta\zeta} + 2 S_{xz}^{(i)} \Big(\lambda_i^2 \varphi_i \Psi_{i,\xi\xi} + \sum_{j=1}^{i-1} \lambda_j \Psi_{j,\xi\xi} (\lambda_i \zeta + \lambda_{ji} + \lambda_j \langle \varphi_{j,\zeta} \rangle) \Big) \Big) +$$

$$S_{ss}^{(i)} \Big(\lambda_i \Psi_{i,\xi} \varphi_{i,\zeta} + \sum_{j=1}^{i-1} \lambda_j \Psi_{j,\xi} \Big)^2 \Big) \qquad (6-45)$$

记 $\Gamma_p = \Gamma_p^{(1)} + \Gamma_p^{(2)} + \Gamma_p^{(3)}$,则

$$\Gamma_p^{(1)} = \frac{\mathrm{d}\lambda_1 t_1^2}{2} \int_{-\rho}^{\rho} \mathrm{d}\xi \int_0^1 \mathrm{d}\zeta \Big(S_{zz}^{(1)} \lambda_1^4 \varphi_1^2 \Psi_{1,\xi\xi}^2 + S_{ss}^{(1)} \lambda_1^2 \varphi_{1,\zeta}^2 \Psi_{1,\xi}^2 +$$

$$\Psi_1 \varphi_{1,\zeta\zeta} (2 S_{xz}^{(1)} \lambda_1^2 \varphi_1 \Psi_{1,\xi\xi} + S_{xx}^{(1)} \Psi_1 \varphi_{1,\zeta\zeta}) \Big) \qquad (6-46)$$

$$\Gamma_p^{(2)} = \frac{\mathrm{d}\lambda_2 t_1^2}{2} \int_{-\rho}^{\rho} \mathrm{d}\xi \int_0^1 \mathrm{d}\zeta \Big(S_{zz}^{(2)} \big(\lambda_1 \Psi_{1,\xi\xi} (\lambda_1 \langle \varphi_{1,\zeta} \rangle + \zeta \lambda_2 + \lambda_{12}) +$$

$$\lambda_2^2 \varphi_2 \Psi_{2,\xi\xi} \big)^2 + S_{ss}^{(2)} (\lambda_1 \Psi_{1,\xi} + \lambda_2 \Psi_{2,\xi} \varphi_{2,\zeta})^2 +$$

$$\Psi_2 \varphi_{2,\zeta\zeta} (2 S_{xz}^{(2)} (\lambda_1 \Psi_{1,\xi\xi} (\lambda_1 \langle \varphi_{1,\zeta} \rangle + \zeta \lambda_2 +$$

$$\lambda_{12}) + \lambda_2^2 \varphi_2 \Psi_{2,\xi\xi}) + S_{xx}^{(2)} \Psi_2 \varphi_{2,\zeta\zeta}) \Big) \qquad (6-47)$$

$$\Gamma_p^{(3)} = \frac{\mathrm{d}\lambda_3 t_1^2}{2} \int_{-\rho}^{\rho} \mathrm{d}\xi \int_0^1 \mathrm{d}\zeta \Big(S_{zz}^{(3)} (\lambda_1 \Psi_{1,\xi\xi} (\zeta \lambda_3 + \lambda_1 \langle \varphi_{1,\zeta} \rangle + \lambda_{13}) +$$

$$\lambda_2 \Psi_{2,\xi\xi} (\zeta \lambda_3 + \lambda_2 \langle \varphi_{2,\zeta} \rangle + \lambda_{23}) + \lambda_3^2 \varphi_3 \Psi_{3,\xi\xi})^2 + S_{ss}^{(3)} (\lambda_1 \Psi_{1,\xi} +$$

$$\lambda_2 \Psi_{2,\xi} + \lambda_3 \Psi_{3,\xi} \varphi_{3,\zeta})^2 + \Psi_3 \varphi_{3,\zeta\zeta} (2 S_{xz}^{(3)} (\lambda_1 \Psi_{1,\xi\xi} (\lambda_1 \langle \varphi_{1,\zeta} \rangle +$$

$$\zeta \lambda_3 + \lambda_{13}) + \lambda_2 \Psi_{2,\xi\xi} (\zeta \lambda_3 + \lambda_2 \langle \varphi_{2,\zeta} \rangle + \lambda_{23}) + \lambda_3^2 \varphi_3 \Psi_{3,\xi\xi}) +$$

$$S_{xx}^{(3)} \Psi_3 \varphi_{3,\zeta\zeta}) \Big) \qquad (6-48)$$

把式(6-40)、式(6-41)代入式(6-48)中可得到扰动余能的表达式:

$$\Gamma_p = \mathrm{d} t_1^2 \int_{\xi_i}^{\xi_f} (d_1 \Psi_1^2 + d_2 \Psi_1 \Psi_{1,\xi\xi} + d_3 \Psi_{1,\xi\xi}^2 + d_4 \Psi_{1,\xi}^2) \mathrm{d}\xi \qquad (6-49)$$

式中:常系数 d_1, d_2, d_3, d_4 为由系统的初始应力状态和材料参数决定的。在对基体进行分层时,取: $t_1 = t_2$,所以有: $\lambda_1 = \lambda_2 = 1, \lambda_3 = \lambda$,为简化其表达式的形式,记

作：$R = \langle \varphi_{2,\zeta} \rangle - \lambda(-1 + \langle \varphi_{3,\zeta} \rangle)$，$P = \langle \varphi_{2,\zeta} \rangle - \lambda(-1 + \langle \varphi_{3,\zeta} \rangle)$ 和 $Q = 1 + \langle \varphi_{1,\zeta} \rangle - \langle \varphi_{2,\zeta} \rangle$，则各系数的表达形式如下所示：

$$d_1 = \frac{1}{6}\left(3S_{xx}^{(1)}\langle \varphi_{1,\zeta}^2 \rangle + \frac{3S_{xx}^{(2)}T^2\langle \varphi_{2,\zeta\zeta}^{(2)} \rangle}{R^2} + \frac{3P^2 S_{xx}^{(3)}\langle \varphi_{3,\zeta\zeta}^2 \rangle}{\lambda R^2}\right) \tag{6-50}$$

$$d_2 = \frac{1}{6}\Big(6S_{xz}^{(1)}\langle \varphi_1 \varphi_{1,\zeta} \rangle + \frac{6S_{xz}^{(2)}T^2\langle \varphi_2 \varphi_{2,\zeta\zeta} \rangle}{R^2} - \frac{6S_{xz}^{(2)}T\langle \varphi_{1,\zeta} \rangle \langle \varphi_{2,\zeta\zeta} \rangle}{R} - $$

$$\frac{6S_{xz}^{(2)}T\langle \zeta \varphi_{2,\zeta\zeta} \rangle}{R} - \frac{6S_{xz}^{(3)}PT\langle \varphi_{3,\zeta\zeta} \rangle}{R^2} + \frac{6S_{xz}^{(3)}P\langle \varphi_{3,\zeta\zeta} \rangle}{R} + $$

$$\frac{6S_{xz}^{(3)}P\langle \varphi_{1,\zeta} \rangle \langle \varphi_{3,\zeta\zeta} \rangle}{R} - \frac{6S_{xz}^{(3)}\lambda PT\langle \zeta \varphi_{3,\zeta\zeta} \rangle}{R^2} + $$

$$\frac{6S_{xz}^{(3)}\lambda P\langle \zeta \varphi_{3,\zeta\zeta} \rangle}{R} + \frac{6S_{xz}^{(3)}\lambda P^2\langle \varphi_3 \varphi_{3,\zeta\zeta} \rangle}{R^2} \tag{6-51}$$

$$d_3 = \frac{1}{6}\Big(3S_{zz}^{(1)}\langle \varphi_1^2 \rangle + S_{zz}^{(2)} + 3S_{zz}^{(2)}\langle \varphi_{1,\zeta} \rangle + 3S_{zz}^{(2)}\langle \varphi_{1,\zeta} \rangle^2 + \frac{3S_{zz}^{(2)}T^2\langle \varphi_2^2 \rangle}{R^2} - $$

$$\frac{6S_{zz}^{(2)}T\langle \zeta \varphi_2 \rangle}{R} - \frac{6S_{zz}^{(2)}T\langle \varphi_2 \rangle \langle \varphi_{1,\zeta} \rangle}{R} + 3\lambda S_{zz}^{(3)} + 3\lambda^2 S_{zz}^{(3)} + \lambda^3 S_{zz}^{(3)} + $$

$$6\lambda S_{zz}^{(3)}\langle \varphi_{1,\zeta} \rangle + 3\lambda^2 S_{zz}^{(3)}\langle \varphi_{1,\zeta} \rangle + 3\lambda S_{zz}^{(3)}\langle \varphi_{1,\zeta} \rangle^2 + \frac{3\lambda^3 S_{zz}^{(3)}P^2\langle \varphi_3^2 \rangle}{R^2} - $$

$$\frac{6\lambda^3 S_{zz}^{(3)}PT\langle \zeta \varphi_3 \rangle}{R^2} - \frac{6\lambda^2 S_{zz}^{(3)}PT\langle \varphi_3 \rangle \langle \varphi_{2,\zeta} \rangle}{R^2} + \frac{\lambda^3 S_{zz}^{(3)}T^2}{R^2} + $$

$$\frac{3\lambda^2 S_{zz}^{(3)}T^2\langle \varphi_{2,\zeta} \rangle}{R^2} + \frac{3\lambda S_{zz}^{(3)}T^2\langle \varphi_{2,\zeta} \rangle^2}{R^2} + \frac{6\lambda^2 S_{zz}^{(3)}P\langle \varphi_3 \rangle}{R} + $$

$$\frac{6\lambda^3 S_{zz}^{(3)}P\langle \zeta \varphi_3 \rangle}{R} + \frac{6\lambda^2 S_{zz}^{(3)}P\langle \varphi_3 \rangle \langle \varphi_{1,\zeta} \rangle}{R} - \frac{6\lambda S_{zz}^{(3)}T\langle \varphi_{2,\zeta} \rangle}{R} - $$

$$\frac{3\lambda^2 S_{zz}^{(3)}T\langle \varphi_{2,\zeta} \rangle}{R} - \frac{6\lambda S_{zz}^{(3)}T\langle \varphi_{1,\zeta} \rangle \langle \varphi_{2,\zeta} \rangle}{R} - \frac{3\lambda^2 S_{zz}^{(3)}T}{R} - $$

$$\frac{2\lambda^3 S_{zz}^{(3)}T}{R} - \frac{3\lambda^2 S_{zz}^{(3)}T\langle \varphi_{1,\zeta} \rangle}{R} \tag{6-52}$$

$$d_4 = \frac{1}{6}\Big(3S_{ss}^{(1)}\langle \varphi_{1,\zeta}^2 \rangle + 3S_{ss}^{(2)} + \frac{3S_{ss}^{(2)}T^2\langle \varphi_{2,\zeta}^2 \rangle}{R^2} - \frac{6S_{ss}^{(2)}T\langle \varphi_{2,\zeta} \rangle}{R} + $$

$$3\lambda S_{ss}^{(3)} + \frac{3\lambda S_{ss}^{(3)}T^2}{R^2} - \frac{6\lambda S_{ss}^{(3)}T}{R} - \frac{6\lambda S_{ss}^{(3)}PT\langle \varphi_{3,\zeta} \rangle}{R^2} + $$

$$\frac{6\lambda S_{ss}^{(3)} P \langle \varphi_{3,\zeta} \rangle}{R} + \frac{3\lambda S_{ss}^{(3)} P^2 \langle \varphi_{3,\zeta}^2 \rangle}{R^2} \qquad (6-53)$$

6.3.4 变分力学的分析方法

由最小余能原理的变分形式可知,要使余能取最小值,则其余能泛函的变分为 0,即为

$$\delta \Gamma = \delta(\Gamma_0 + \Gamma_p) = 0 \qquad (6-54)$$

对于给定的初始应力,Γ_0 为定值,故最小化余能时只需对扰动余能进行变分。对上式进行变分,然后进行分部积分:

$$
\begin{aligned}
\delta \Gamma_P &= \int_{-\rho}^{\rho} \mathrm{d}\xi (2d_1 \Psi_1 \delta \Psi_1 + d_2 \Psi_{1,\xi\xi} \delta \Psi_1 + d_2 \Psi_1 \delta \Psi_{1,\xi\xi} + 2d_3 \Psi_{1,\xi\xi} \delta \Psi_{1,\xi\xi} + \\
&\quad 2d_4 \Psi_{1,\xi} \delta \Psi_{1,\xi}) \\
&= \int_{-\rho}^{\rho} \mathrm{d}\xi (2d_1 \Psi_1 + d_2 \Psi_{1,\xi\xi}) \delta \Psi_1 + \int_{-\rho}^{\rho} \mathrm{d}\xi (d_2 \Psi_1 + 2d_3 \Psi_{1,\xi\xi}) \frac{\partial^2 (\delta \Psi_1)}{\partial \xi^2} + \\
&\quad \int_{-\rho}^{\rho} \mathrm{d}\xi \left(2d_4 \Psi_{1,\xi} \frac{\partial \delta \Psi_1}{\partial \xi} \right) = \int_{-\rho}^{\rho} \mathrm{d}\xi (2d_1 \Psi_1 + d_2 \Psi_{1,\xi\xi}) (\delta \Psi_1) + \\
&\quad \left(\frac{\partial (\delta \Psi_1)}{\partial \xi} (d_2 \Psi_1 + 2d_3 \Psi_{1,\xi\xi}) \right) \Big|_{-\rho}^{\rho} - \int_{-\rho}^{\rho} \mathrm{d}\xi \frac{\partial (\delta \Psi_1)}{\partial \xi} (d_2 \Psi_{1,\xi} + \\
&\quad 2d_3 \Psi_{1,\xi\xi\xi}) + (2d_4 \Psi_{1,\xi} \delta \Psi_1) \Big|_{-\rho}^{\rho} - \int_{-\rho}^{\rho} \mathrm{d}\xi (2d_4 \Psi_{1,\xi\xi} (\delta \Psi_1)) \\
&= 0 \qquad\qquad (6-55)
\end{aligned}
$$

由于 $\delta \Psi_1$ 可任意选择,由上式可得其欧拉方程为

$$\frac{\partial^4 \Psi_1}{\partial \xi^4} + p \frac{\partial^2 \Psi_1}{\partial \xi^2} + q \Psi_1 = 0 \qquad (6-56)$$

其中,$p = \dfrac{d_2 - d_4}{d_3}$,$q = \dfrac{d_1}{d_3}$,这里 $\Psi_1(\xi) = \langle \phi_{\zeta\zeta}^{(1)} \rangle \psi_1(\xi)$。

该欧拉方程的解[8]取决于 $\dfrac{4q}{p^2} - 1$ 的正负:

当 $\dfrac{4q}{p^2} < 1$ 时,有

$$\psi_1(\xi) = \frac{\beta \cosh\alpha\xi}{\sinh\alpha\rho (\beta \coth\alpha\rho - \alpha \coth\beta\rho)} + \frac{\alpha \cosh\beta\xi}{\sinh\beta\rho (\alpha \coth\beta\rho - \beta \coth\alpha\rho)}$$

$$(6-57)$$

式中：$\alpha = \sqrt{\dfrac{-p}{2} + \sqrt{\dfrac{p^2}{4} - q}}$；$\beta = \sqrt{\dfrac{-p}{2} - \sqrt{\dfrac{p^2}{4} - q}}$。

当 $\dfrac{4q}{p^2} > 1$ 时，有

$$\psi_1(\xi) = \frac{2(\beta\sinh\alpha\rho\cos\beta\rho + \alpha\cosh\alpha\rho\sin\beta\rho)}{\beta\sinh2\alpha\rho + \alpha\sin2\beta\rho}\cosh\alpha\xi\cos\beta\xi +$$

$$\frac{2(\beta\cosh\alpha\rho\sin\beta\rho - \alpha\sinh\alpha\rho\cos\beta\rho)}{\beta\sinh2\alpha\rho + \alpha\sin2\beta\rho}\sinh\alpha\xi\sin\beta\xi \qquad (6-58)$$

式中：$\alpha = \dfrac{1}{2}\sqrt{2\sqrt{q} - p}$；$\beta = \dfrac{1}{2}\sqrt{2\sqrt{q} + p}$。

由以上可知，对于给定的结构，在给定初始应力的情况下就可以通过求解欧拉方程而得到结构的应力分布状况。

6.4 含再结晶表层定向凝固高温合金的计算结果与分析

考虑沿厚度方向均匀拉伸的外载荷，即各层内 x 轴方向的拉伸应力在厚度方向上保持不变。此时初始应力在各层内是常量，或者说各层的初始应力不随 x、z 轴变化。由式(6-28)可得到：

$$\varphi_{i,\zeta\zeta} = 1, \quad \varphi_{i,\zeta} = \zeta, \quad \varphi_i = \frac{1}{2}\zeta^2 \qquad (6-59)$$

代入式(6-50)～式(6-53)可得到系数 d_1、d_2、d_3、d_4 分别为

$$d_1 = \frac{\lambda((1+\lambda)^2 S_{xx}^{(1)} + (3+\lambda)^2 S_{xx}^{(2)}) + 4S_{xx}^{(3)}}{2\lambda(1+\lambda)^2} \qquad (6-60)$$

$$d_2 = -\frac{-(1+\lambda)^2 S_{xz}^{(1)} + (3+\lambda)(3+5\lambda)S_{xz}^{(2)} - 4\lambda S_{xz}^{(3)}}{6(1+\lambda)^2} \qquad (6-61)$$

$$d_3 = \frac{1}{120(1+\lambda)^2}(3(1+\lambda)^2 S_{zz}^{(1)} + (17+48\lambda+43\lambda^2)S_{zz}^{(2)} +$$

$$\lambda(120 - 240\lambda + 126\lambda^2 + 20(-6+5\lambda) - 2(-10\lambda +$$

$$7\lambda^2 + 10\lambda(-6+5\lambda)))S_{zz}^{(3)}) \qquad (6-62)$$

$$d_4 = \frac{(1+\lambda)^2 S_{ss}^{(1)} + (3+\lambda^2)S_{ss}^{(2)} + 4\lambda S_{ss}^{(3)}}{6(1+\lambda)^2} \qquad (6-63)$$

基体材料为镍基定向凝固高温合金，其纵向弹性模量[9]$E_{xx} = 118$GPa，横向弹

性模量 $E_{zz} = 123\mathrm{GPa}$,纵向剪切模量 $G_{xz} = 36.7\mathrm{GPa}$,泊松比纵向 $\upsilon_{xz} = 0.325$。对于再结晶表层的材料,由于暂时还没有办法单独测量各材料参数,这里取金属 Ni 的材料常数[10]近似作为表面层的材料参数,室温下 $E = 199.5\mathrm{GPa}$,$G = 76.0\mathrm{GPa}$,$\upsilon = 0.312$。对于给定初始条件,则初始应力可视为常量,但是这里没有给出其具体的数值,故以初始应力 $\sigma_{xx,0}^{(1)}$ 的平均值 $\langle \sigma_{xx,0}^{(1)} \rangle$ 为基准量,计算由于裂纹的出现而导致各应力的变化(即各扰动应力的大小)与基准量 $\langle \sigma_{xx,0}^{(1)} \rangle$ 的比值随裂纹间距的无量纲参数 ρ 以及厚度比参数 λ 的变化关系,并研究材料参数对扰动应力的影响。由于不能直观地给出系统内每一点的应力状态,本书仅给出各层内具有代表性的若干点的扰动应力情况。该计算程序的简要流程图如图 6 – 4 所示。

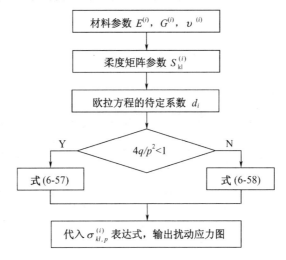

图 6 – 4   计算各扰动应力随各参数变化关系的流程图

对于该"再结晶表层/基体"系统,再结晶表层、基体内划分的两层分别记作如图 6 – 5 所示的"表面层、界面层、基体层"。

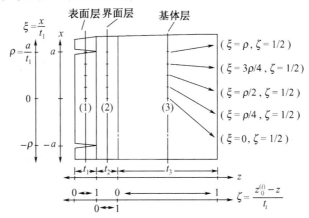

图 6 – 5   表面层含裂纹的"再结晶表层/基体"系统

6.4.1　扰动应力随裂纹间距 ρ 的变化关系

对于该"再结晶表层/基体"系统,研究扰动应力随裂纹间距 ρ 的变化关系时,基体厚度为 $t_2 + t_3 = 2000\mu m$,这里取厚度比 $\lambda = 40$,在各层内取如图 6-5 所示的无量纲坐标分别为$(\xi = 0, \zeta = 1/2)$,$(\xi = \rho/4, \zeta = 1/2)$,$(\xi = \rho/2, \zeta = 1/2)$,$(\xi = 3\rho/4, \zeta = 1/2)$,$(\xi = \rho, \zeta = 1/2)$ 的点扰动应力随裂纹间距参数 ρ 的变化关系。

各层内如图 6-5 所示点的扰动应力随裂纹间距参数 ρ 变化的关系如图 6-6~图 6-8 所示,各点对应的变化曲线如图中标志所示。这里只给出 $\rho \leqslant 30$ 范围内的变化情况,更大的范围,其扰动应力相当小,对于分析没有参考意义。

图 6-6(a)、(b)、(c)分别为表面层、界面层以及基体层内点$(\xi = 0, \zeta = 1/2)$,$(\xi = \rho/4, \zeta = 1/2)$,$(\xi = \rho/2, \zeta = 1/2)$,$(\xi = 3\rho/4, \zeta = 1/2)$,$(\xi = \rho, \zeta = 1/2)$沿拉伸方向的扰动应力 $\sigma_{xx,p}^{(i)}$ 随裂纹间距参数 ρ 的变化关系。由图中可知,$\sigma_{xx,p}^{(1)} < 0$,故表面层 x 轴方向的应力由于裂纹的产生而得到缓解;界面层扰动应力较大,为主要应力

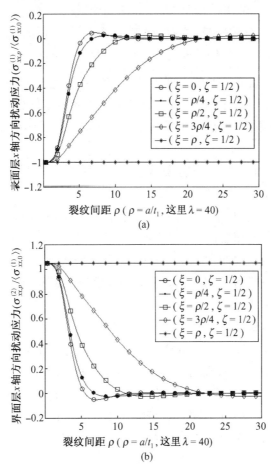

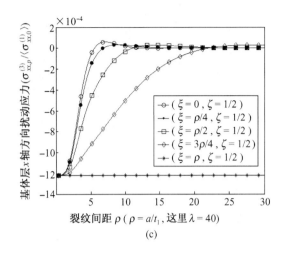

图 6-6　沿拉伸方向扰动应力随裂纹间距 ρ 的变化关系

(a) 表面层扰动应力 $\sigma_{xx,p}^{(1)}$ 随裂纹间距 ρ 的变化关系；

(b) 界面层扰动应力 $\sigma_{xx,p}^{(2)}$ 随裂纹间距 ρ 的变化关系；

(c) 基体层扰动应力 $\sigma_{xx,p}^{(3)}$ 随裂纹间距 ρ 的变化关系。

承受区域；而基体层由于裂纹的出现而导致的应力变化非常小。而且由扰动应力随裂纹间距 ρ 的变化关系图可知，对于确定的裂纹密度，可以确定符合 x 轴方向扰动应力值在特定范围内的两裂纹间对应的区域，这对于系统的安全性预测有一定的意义。

　　图 6-7(a)、(b)、(c) 分别表示表面层、界面层以及基体层内点($\xi=0$, $\zeta=1/2$), ($\xi=\rho/4, \zeta=1/2$), ($\xi=\rho/2, \zeta=1/2$), ($\xi=3\rho/4, \zeta=1/2$), ($\xi=\rho, \zeta=1/2$) 剪切扰动应力 $\sigma_{xz,p}^{(i)}$ 随裂纹间距参数 ρ 变化的关系。随着裂纹间距的增大，各点的扰动应力先增大而后减小，而且在从点($\xi=0, \zeta=1/2$)到点($\xi=\rho, \zeta=1/2$) 的区域随着裂纹间距的增大也出现扰动应力先增大而后减小的趋势。且对于这种表面含再结晶层的定向凝固高温合金，由于裂纹的出现而导致的剪切扰动应力较小。

　　图 6-8(a)、(b)、(c) 分别表示表面层、界面层以及基体层内点($\xi=0$, $\zeta=1/2$), ($\xi=\rho/4, \zeta=1/2$), ($\xi=\rho/2, \zeta=1/2$), ($\xi=3\rho/4, \zeta=1/2$), ($\xi=\rho, \zeta=1/2$) 横向扰动应力 $\sigma_{zz,p}^{(i)}$ 随裂纹间距参数 ρ 的变化关系。由图可知，在点($\xi=0$, $\zeta=1/2$)、($\xi=\rho, \zeta=1/2$)之间有一个临界的点，其横向扰动应力几乎为 0。离裂纹比该临界点远的点 $\sigma_{zz,p}^{(i)}<0$，离裂纹比该临界点近的点 $\sigma_{zz,p}^{(i)}>0$。由图可知，界面层横向扰动应力较大，为应力的主要承受区域。

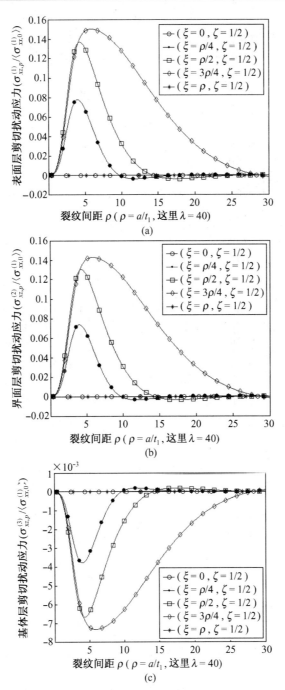

图 6-7　剪切扰动应力随裂纹间距 ρ 的变化关系
(a) 表面层剪切扰动应力 $\sigma_{xz,p}^{(1)}$ 随裂纹间距 ρ 的变化关系；
(b) 界面层剪切扰动应力 $\sigma_{xz,p}^{(2)}$ 随裂纹间距 ρ 的变化关系；
(c) 基体层剪切扰动应力 $\sigma_{xz,p}^{(3)}$ 随裂纹间距 ρ 的变化关系。

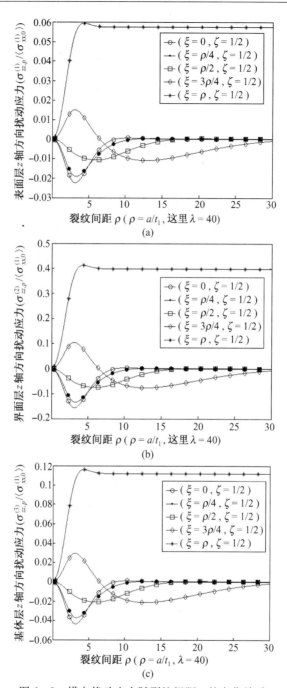

图 6-8 横向扰动应力随裂纹间距 ρ 的变化关系
（a）表面层横向扰动应力 $\sigma_{zz,p}^{(1)}$ 随裂纹间距 ρ 的变化关系；
（b）界面层横向扰动应力 $\sigma_{zz,p}^{(2)}$ 随裂纹间距 ρ 的变化关系；
（c）基体层横向扰动应力 $\sigma_{zz,p}^{(3)}$ 随裂纹间距 ρ 的变化关系。

6. 4. 2　扰动应力随厚度比 λ 的变化关系

对于该"再结晶表层/基体"系统,研究各扰动应力随厚度比参数 λ 的变化关系时,裂纹间距参数 ρ 保持不变,取 $\rho = 2$。基体厚度为 $t_2 + t_3 = 2000\mu m$,给出厚度比 $\lambda \leqslant 100$ 范围内扰动应力 $\sigma_{kl,p}^{(i)}$ 的变化情况。在再结晶表层厚度发生变化的过程中,其最小厚度 $t_1 = 20\mu m$。在再结晶表层厚度取最小值 $t_1 = 20\mu m$ 时,取表面层中线上均匀分布且轴向坐标 ξ 分别为 $0, \dfrac{\rho}{4}, \dfrac{\rho}{2}, \dfrac{3\rho}{4}, \rho$ 的 5 点 A, B, C, D, E,如图 6 – 9 所示。对于界面层,由于 $t_2 = t_1$,取对应的点 A', B', C', D', E',可知它们分别对称分布在表面层与基体层界面左右各 $10\mu m$ 位置。对于基体层,取对应的且距基体层右表面距离为 $10\mu m$ 的点 A'', B'', C'', D'', E'',各点坐标都化为无量纲坐标。在表面层厚度变化的过程中,这些点的位置保持不变,取其无量纲坐标。在再结晶表层厚度变化的过程中,各层内如图所示的点的扰动应力随厚度比 λ 变化的关系如图 6 – 10 ~ 图 6 – 12 所示,各点对应的变化曲线如应力图中标注所示。

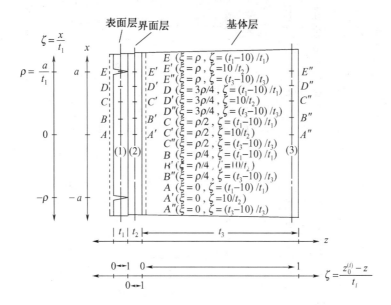

图 6 – 9　表面层、界面层以及基体层中对应的各点及其无量纲坐标值

图 6 – 10（a）、（b）、（c）分别表示表面层、界面层以及基体层内点（$\xi = 0$, $\zeta = 1/2$）,（$\xi = \rho/4, \zeta = 1/2$）,（$\xi = \rho/2, \zeta = 1/2$）,（$\xi = 3\rho/4, \zeta = 1/2$）,（$\xi = \rho, \zeta = 1/2$）$x$ 轴方向扰动应力 $\sigma_{xx,p}^{(i)}$ 随厚度比参数 λ 的变化关系。由图可知,当厚度比增大到某一值时（即再结晶层厚度减小到某一值）,各层沿 x 轴方向扰动应力趋于稳定,再结晶层厚度对系统的应力状态不产生影响。且由图可知,界面层为应力的主要

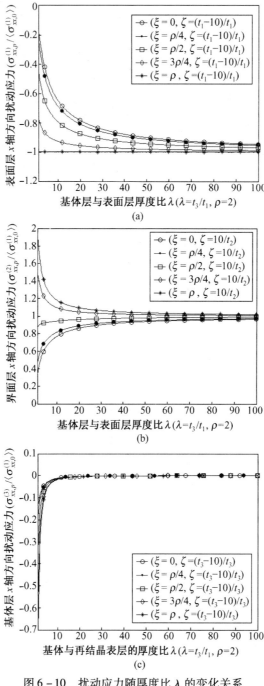

图 6-10　扰动应力随厚度比 λ 的变化关系

（a）表面层扰动应力 $\sigma_{xx,p}^{(1)}$ 随厚度比 λ 的变化关系；

（b）界面层扰动应力 $\sigma_{xx,p}^{(2)}$ 随厚度比 λ 的变化关系；

（c）基体层扰动应力 $\sigma_{xx,p}^{(3)}$ 随厚度比 λ 的变化关系。

承受区。

图 6 – 11（a）、（b）、（c）分别表示表面层、界面层以及基体层内点（$\xi = 0$，$\zeta = 1/2$），（$\xi = \rho/4, \zeta = 1/2$），（$\xi = \rho/2, \zeta = 1/2$），（$\xi = 3\rho/4, \zeta = 1/2$），（$\xi = \rho, \zeta = 1/2$）剪切扰动应力随厚度比参数 λ 的变化关系。由图中可知，随着厚度比的增大（即再结晶表层厚度减小），剪切扰动应力减小。且在点（$\xi = 0, \zeta = 1/2$）、（$\xi = \rho, \zeta = 1/2$）之间扰动应力先增大后减小。对于该系统，当厚度比参数增大到某一值时，扰动应力不再受厚度比参数的影响。

图 6 – 12（a）、（b）、（c）分别表示表面层、界面层以及基体层内点（$\xi = 0$，$\zeta = 1/2$），（$\xi = \rho/4, \zeta = 1/2$），（$\xi = \rho/2, \zeta = 1/2$），（$\xi = 3\rho/4, \zeta = 1/2$），（$\xi = \rho, \zeta = 1/2$）沿 z 轴方向扰动应力随厚度比 λ 变化的关系。由图中可知，随着厚度比 λ 的增大，扰动应力 $\sigma_{zz,p}^{(i)}$ 减小，当 λ 足够大时 $\sigma_{zz,p}^{(i)}$ 趋于稳定。同时 $\sigma_{zz,p}^{(i)}$ 的正负性在 ξ 到达一定值时发生变化，但随着 λ 的增大，其绝对值是减小的。而且在此种初始应力的状态下横向扰动应力 $\sigma_{zz,p}^{(i)}$ 非常小，不是主要的应力成分。

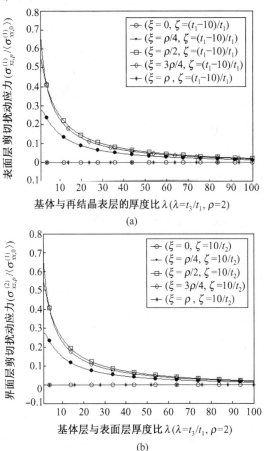

(a)

(b)

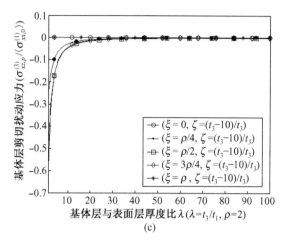

(c)

图 6-11　剪切扰动应力随厚度比参数 λ 的变化关系

（a）表面层剪切扰动应力 $\sigma_{xz,p}^{(1)}$ 随厚度比 λ 的变化关系；

（b）界面层剪切扰动应力 $\sigma_{xz,p}^{(2)}$ 随厚度比 λ 的变化关系；

（c）基体层剪切扰动应力 $\sigma_{xz,p}^{(3)}$ 随厚度比 λ 的变化关系。

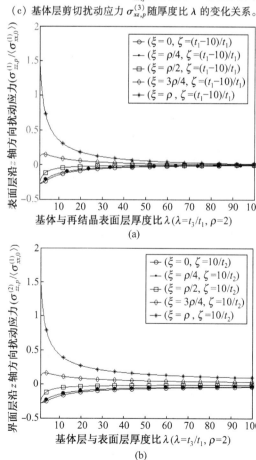

(a)

(b)

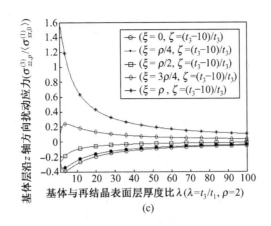

图 6 – 12　沿 z 轴方向扰动应力随厚度比 λ 的变化关系

（a）表面层横向扰动应力 $\sigma_{zz,p}^{(1)}$ 随厚度比 λ 的变化关系；

（b）界面层横向扰动应力 $\sigma_{zz,p}^{(2)}$ 随厚度比 λ 的变化关系；

（c）基体层横向扰动应力 $\sigma_{zz,p}^{(3)}$ 随厚度比 λ 的变化关系。

6.5　材料性能的差异对扰动应力的影响

定向凝固高温合金涡轮叶片,在制造过程中出现的再结晶表层必然给定向凝固高温合金带来影响,导致基体的应力状态与无再结晶表层时基体的应力状态不同。本节将给出由于再结晶表层导致基体应力状态的改变,比较有无再结晶表层两种情况下由于裂纹的出现而导致基体应力变化的对比关系。这里仅给出有无再结晶表层时界面层扰动应力随裂纹间距 ρ 变化的对比关系,如图 6 – 13 所示。

图 6 – 13（a）、（b）、（c）分别为有无再结晶表层两种情况下,界面层 x 轴方向扰动应力 $\sigma_{xx,p}^{(2)}$、剪切扰动应力 $\sigma_{xz,p}^{(2)}$ 以及 z 轴方向扰动应力 $\sigma_{zz,p}^{(2)}$ 随裂纹间距变化的对比关系,给出点 $(\xi=0,\zeta=1/2)$, $(\xi=\rho/2,\zeta=1/2)$, $(\xi=3\rho/4,\zeta=1/2)$, $(\xi=9\rho/10,\zeta=1/2)$, $(\xi=\rho,\zeta=1/2)$ 的扰动应力的情况,各点对应的曲线图如图中标注所示,其中实线代表基体表面含再结晶层时界面层区域的扰动应力,虚线代表无再结晶层的情况下（也即此时表面层材料与基体材料相同的情况下）对应区域的扰动应力。对比图中曲线关系可知再结晶层的出现导致界面层的扰动应力增大,而界面层是基体应力的主要承受层,故再结晶表层的出现导致定向凝固高温合金基体扰动应力的增大。图中计算结果所示的变化幅度不大,主要原因是作为基体材料的定向凝固高温合金各向异性特征不明显,而且再结晶表层和基体的材料参数的差异不大。计算表明,如果各向异性特征明显的材料,扰动应力会有很大的变化幅度。

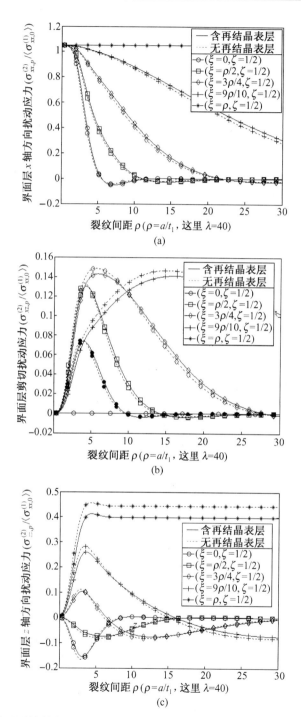

图 6-13 有无再结晶表层两种情况下界面层扰动应力随裂纹间距变化关系的比较

(a) x 轴方向扰动应力；(b) 剪切扰动应力；(c) z 轴方向扰动应力。

参考文献

[1]　Nairn J A, Kim S R. A fracture mechanics analysis of multiple cracking in coatings. Eng Fract Mech, 1992, 42(1): 195.

[2]　So P K, Broutman L J. The fracture behavior or surface embrittled polymers. Polym Engng Sci, 1986, 26: 1173.

[3]　Verpy C, Gacougnolle J L, Dragon A, et al. The surface embrittlement of a ductile blend due to a brittle paint layer. Progress in Organic coating, 1994, 24: 115.

[4]　Hsieh A J, Huang P, Venkataraman S K, et al. Mechanical characterization of diamond-like carbon (DLC) coated polycarbonates. Mat Res Cos Symp Proc, 1993, 308: 653.

[5]　Kim S R, Nairn J A. Fracture mechanics analysis of coating/substrate systems Part II: Experiments in bending. Engineering Fracture Mechanics, 2000, 65: 595.

[6]　Hashin Z. Analysis of stiffness reduction of cracked cross-ply laminates. Eng Fract Mech, 1986, 25: 771.

[7]　沈观林. 复合材料力学. 北京: 清华大学出版社, 1994.

[8]　Hashin Z. Analysis of cracked laminates: A variational approach. Mechanics of Materials. Mechanics of Materials, 1985, 4: 121.

[9]　北京航空材料研究所. 航空发动机设计用材料数据手册(第二册). 北京: 国防工业出版社, 1993.

[10]　Meyers M A, Chawla K K. 金属力学原理及应用. 程莉, 杨卫, 译. 北京: 高等教育出版社, 1992.

第7章 再结晶对定向凝固高温合金叶片损伤行为的计算机模拟

定向凝固高温合金为宏观各向异性材料,其表面再结晶组织呈各向同性特征,再结晶组织的常规力学性能、弹性模量等与定向凝固高温合金基体材料也有很大差别,因此再结晶对定向凝固高温合金材料的应力分布、损伤演化以及疲劳寿命等均产生一定程度的影响。第4章已就定向凝固高温合金表面再结晶对其低周疲劳行为和持久性能的影响进行了系统介绍,第5章同时介绍了"再结晶表层/基体"损伤的力学模型,该模型主要考虑了多体系中再结晶层与亚表面层的交互作用,并未考虑再结晶位置、形状以及叶片形状的影响。本章将系统介绍含局部再结晶的定向凝固高温合金叶片的损伤演化行为的计算机模拟结果,研究再结晶(含形状、大小等)对应力场、损伤演化行为以及疲劳/蠕变寿命的影响规律。

对定向凝固 DZ4 高温合金用正交各向异性本构模型,对再结晶则用各向同性本构模型。在非弹性理论中用粘塑性统一本构模型,即蠕变应变和塑性应变不加区分,统一用一个非弹性应变表示,并与时间有关。同时通过内部变量来考虑材料在循环载荷下的硬化和软化特性,在应用上具有较大的优越性,将损伤力学的损伤因子和材料各向异性的因素加入其中,得到正交各向异性粘塑性损伤统一本构模型[1,2],计算流程见图 7-1。

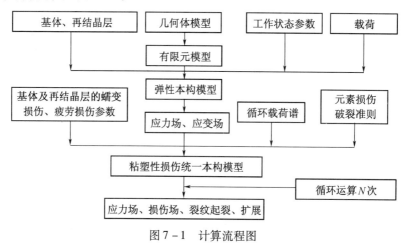

图 7-1 计算流程图

7.1　再结晶对定向凝固高温合金叶片应力场和损伤演化过程的影响规律

定向凝固高温合金多用于发动机涡轮叶片,为了模拟实际叶片,同时又考虑到计算模型的简单化,进行应力、损伤的计算机模拟一般均采用板件。应力计算主要考虑了再结晶组织的高度、宽度以及形状等的影响,损伤计算则主要考虑再结晶的形状对构件损伤演化规律的影响。

7.1.1　表面再结晶对定向凝固高温合金构件应力场的影响

用于计算的几何模型大致仿照某型发动机定向凝固 DZ4 合金叶片进(排)气边的形状,为中间厚、边缘薄的板状结构,并在边缘加过渡圆角,其几何模型见图 7 – 2,中间厚 6mm,边缘厚 1.3mm,宽 18mm,高 40mm。再结晶组织发生在较薄的边缘上。首先考虑再结晶区的宽度和高度的影响,采用图 7 – 3 中阴影部分所示的再结晶形状(穿透厚度),分别取 4 种宽度和 4 种高度进行计算,共 16 种计算状态,具体见表 7 – 1。然后考察再结晶区形状对应力场的影响。取宽度为 1.2mm,高度约 5mm,共考虑三种再结晶形状,分别见图 7 – 4 ~ 图 7 – 6,其中的阴影部分为再结晶区。有限元网格均采用带中间节点的 20 节点三维体单元,再结晶部分网格进行适当加密,图 7 – 7 给出了其中的一种网格模型。在计算时施加相同的载荷和约束以方便对比:约束底部沿 z 向的自由度,在上端面施加拉应力 $\sigma = 250\mathrm{MPa}$。再结晶部分的弹性模量 $E = E_{\mathrm{d}}/0.7 = 128/0.7 = 182.86\mathrm{GPa}$,$E_{\mathrm{d}}$ 为 DZ4 定向凝固高温合金纵向弹性模量,泊波松比取 DZ4 横向数值。利用图 7 – 3 所示的再结晶形状,取不同高度和宽度进行静应力分析,计算结果见表 7 – 1。可以看出,再结晶区

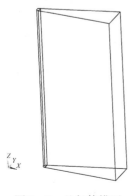

图 7 – 2　几何体模型　　　　图 7 – 3　再结晶形状一　　　　图 7 – 4　再结晶形状二

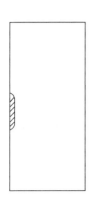 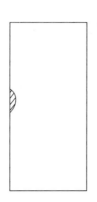 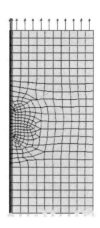

　　图7-5　再结晶形状三　　　图7-6　再结晶形状四　　　图7-7　有限元模型

的应力明显增大,而且随着宽度和高度的变化,其应力增大的程度也各不相同,其中再结晶高度的增加对应力的增加影响较大。另外,最大应力一般发生在两种材料的交界面处,尤其在上下交界面处。以高度为10mm,宽度为0.823mm 的模型为例,其应力分布见图7-8所示。利用图7-4～图7-6所示的再结晶模型进行有限元应力分析,其应力分布分别见图7-9～图7-11。

表7-1　局部再结晶构件的应力场计算结果

高度/mm ＼ 宽度/mm	1.2	0.823	0.456	0.1
20	$\sigma_{max} = 381\,MPa$ $\sigma_m = 350\,MPa$	$\sigma_{max} = 359\,MPa$ $\sigma_m = 340\,MPa$	$\sigma_{max} = 363\,MPa$ $\sigma_m = 363\,MPa$	$\sigma_{max} = 361\,MPa$ $\sigma_m = 361\,MPa$
10	$\sigma_{max} = 365\,MPa$ $\sigma_m = 330\,MPa$	$\sigma_{max} = 361\,MPa$ $\sigma_m = 343\,MPa$	$\sigma_{max} = 358\,MPa$ $\sigma_m = 358\,MPa$	$\sigma_{max} = 357\,MPa$ $\sigma_m = 357\,MPa$
5	$\sigma_{max} = 352\,MPa$ $\sigma_m = 300\,MPa$	$\sigma_{max} = 353\,MPa$ $\sigma_m = 320\,MPa$	$\sigma_{max} = 354\,MPa$ $\sigma_m = 340\,MPa$	$\sigma_{max} = 356\,MPa$ $\sigma_m = 356\,MPa$
1	$\sigma_{max} = 343\,MPa$ $\sigma_m = 290\,MPa$	$\sigma_{max} = 341\,MPa$ $\sigma_m = 250\,MPa$	$\sigma_{max} = 342\,MPa$ $\sigma_m = 260\,MPa$	$\sigma_{max} = 352\,MPa$ $\sigma_m = 293\,MPa$
注:σ_{max}为最大应力值;σ_m为再结晶部分中部的应力值				

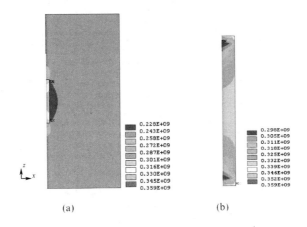

图 7 - 8　再结晶形状一的应力场

（a）整体分布图；（b）局部再结晶放大图。

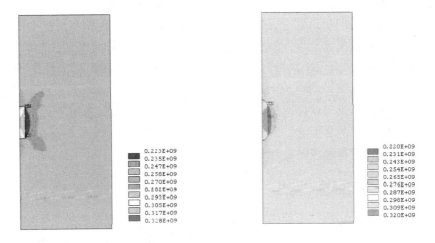

图 7 - 9　再结晶形状二的应力场　　　　图 7 - 10　再结晶形状三的应力场

从上面的计算结果可以看出：

（1）再结晶组织的存在会引起内应力的显著变化，其中再结晶部分应力明显增大，而且最大应力也发生在再结晶部分，尤其是在再结晶区与基体材料的界面上以及再结晶区的中部。

（2）在基体材料中，与再结晶区上、下两端交界处的应力最大，在再结晶区中部位置处应力最小。

（3）再结晶区的高度和宽度均对应力场有一定影响，一般随着再结晶层的高度增加，再结晶区的最大应力显著增加；随着再结晶层宽度的增加，应力值也有增大的趋势，但不显著。

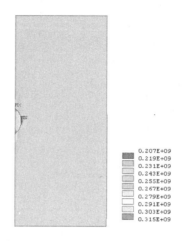

图 7 - 11　再结晶形状四的应力场

（4）再结晶区的形状对应力场分布有很大影响,如再结晶形状二的最大应力发生在再结晶区的内拐角处,再结晶形状三的最大应力位于再结晶区的中部,而再结晶形状四的最大应力发生在再结晶区的外部边缘。引起这种现象的主要原因一是应力集中效应,二是由于两种材料力学性能(尤其是弹性模量和泊松比)有较大差异。

（5）除了再结晶形状四之外,最大应力都没有发生在构件表面,而是发生在再结晶区与基体材料的界面处。因此,含表面再结晶的定向凝固高温合金构件易在再结晶区与基体材料的界面处首先发生损伤和破坏。

7.1.2　再结晶对 DZ4 叶片损伤演化行为的影响

利用粘塑性损伤统一本构模型对含表面再结晶的定向凝固 DZ4 合金的损伤演化行为进行有限元计算。在该研究过程中主要考虑再结晶的形状,仍采用图 7 -3 ~ 图 7 -6 所示的四种再结晶形状,但是为了减少计算量,把构件的总高度减小为 20mm(再结晶尺寸不变)。

在本研究进行前,由于尚无定向凝固 DZ4 合金完全再结晶材料的相关性能数据,其材料常数也无从得知,但由于 DZ22 和 DZ4 合金为同一系列、同一代的定向凝固高温合金材料,其化学成分和力学性能相差不是很大,因此我们可以根据 DZ22 合金的相关试验结果,并加以适当的假设来推算 DZ4 合金完全再结晶材料的相关损伤常数。

根据北京航空材料研究院郑运荣研究员等人的研究结果[3]可知,在 760℃ 、724MPa 条件下,定向凝固 DZ22 合金表面再结晶层的起裂寿命约为 3h,而无再结晶试件的持久寿命约为 360h 以上。而由前面我们对含表面再结晶组织的定向凝固高温合金构件的应力场计算可知,再结晶区内的应力要比实际载荷大出35%以上。因此可以进行简化处理:再结晶组织在应力增加35%的条件下,其持久寿命为正常定向凝固材料的1%。由此可以推算出DZ4合金完全再结晶材料的持久性能,见表7-2。根据表7-2中的结果进行优化,可得到DZ4合金完全再结晶材料的蠕变损伤参数,见表7-3。对于DZ4合金完全再结晶材料的粘塑性材料常数,考虑到其大量的晶界会降低其粘塑性性能,故这里采取了简单的处理方法:在相同的条件下,认为再结晶组织的粘塑性参数相当于DZ4合金降低50℃时的粘塑性参数,见表7-4。

表 7-2　DZ4 合金再结晶组织的持久性能

750℃	应力/MPa	775	816.6	883	922.2	954.8	1014.7
	寿命/h	45.0	30.0	15.0	10.5	7.5	3.0
800℃	应力/MPa	559.5	576.8	626.5	657.1	683.3	758.4
	寿命/h	45.0	30.0	15.0	10.5	7.5	3.0
900℃	应力/MPa	262.8	279.2	311.3	325.1	342.5	395.3
	寿命/h	45.0	30.0	15.0	10.5	7.5	3.0

表 7-3　DZ4 再结晶组织的蠕变损伤参数

温度 T/℃	A/MPa	r	k/MPa
760	1168.861	9.297	8.302
800	975.137	8.272	6.302
900	755.383	5.541	9.660

表 7-4　DZ4 再结晶组织的 Walker 粘塑性材料常数

温度 T/℃	n_1/MPa	n_2/MPa	n_3/MPa	K_1/MPa	$\overset{\circ}{\Omega}$
810	14.7	16300	140	1990	0
900	12.3	17900	300	1520	0
1030	9.0	28900	580	914	0

　　由于没有关于DZ4合金完全再结晶材料的疲劳性能试验数据可以参考,这里暂且采用与DZ4合金成分相同的等轴晶材料的疲劳性能参数: $\alpha = 0.179$, $\beta = 18.91$, $M = 1721.1$ MPa。

　　为了较全面地研究再结晶形状对定向凝固高温合金损伤演化行为的影响,并结合DZ4合金叶片的实际情况,对图7-4~图7-6所示的三种再结晶形状宽度均取1.2mm,高度5mm左右的,而且再结晶区为穿透型;而对图7-3所示的再结晶形状计算时,采用了薄而高的表面再结晶层:深度 0.1mm,高度 20mm。

　　在构件底部施加 z 向约束,在上端面施加拉应力载荷,应力值取 350MPa,温度 $T=850℃$,载荷谱见图 7-12。随着损伤的发展,当某个单元的平均损伤达到 0.35 时即认为已经破坏,并把该单元杀死(在损伤图中损伤值等于零)。不同模型的损伤演化过程分别见图 7-13~图 7-16。

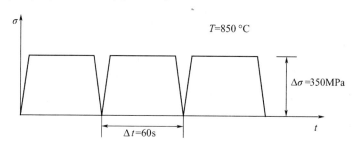

图 7-12　损伤计算载荷谱

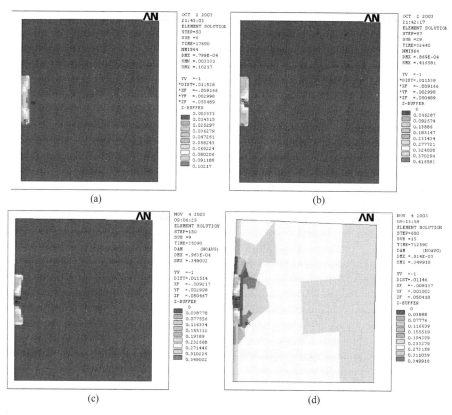

图 7-13　再结晶形状二的损伤演化过程

(a) $t=17690s$;(b) $t=32440s$;(c) $t=35090s$;(d) $t=712590s$。

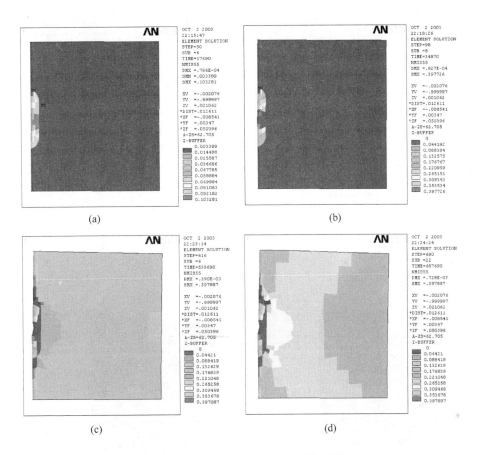

图 7-14　再结晶形状三的损伤演化过程

（a）$t = 17690s$；（b）$t = 34970s$；（c）$t = 539690s$；（d）$t = 687690s$。

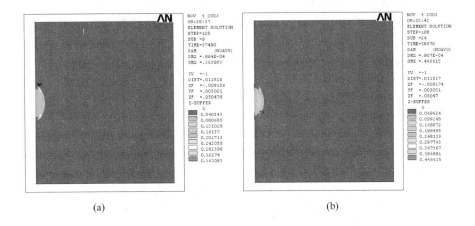

（a）　　　　　　　　　　　　　　　　（b）

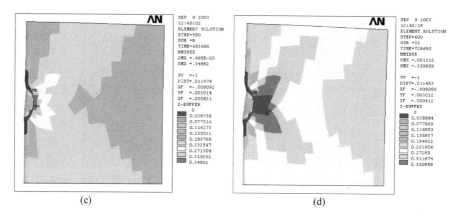

图7-15 再结晶形状四的损伤演化过程

(a) $t=37490\mathrm{s}$；(b) $t=38570\mathrm{s}$；(c) $t=653690\mathrm{s}$；(d) $t=728690\mathrm{s}$。

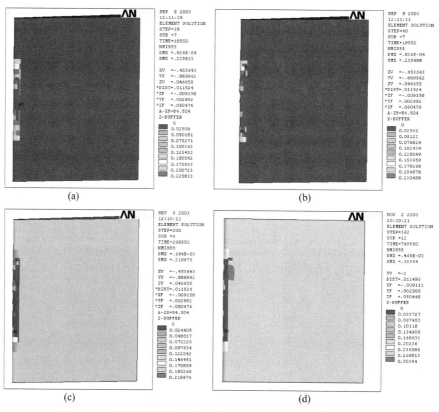

图7-16 再结晶形状一（薄而高的再结晶层）的损伤演化过程

(a) $t=18550\mathrm{s}$；(b) $t=19550\mathrm{s}$；(c) $t=299550\mathrm{s}$；(d) $t=769550\mathrm{s}$。

从上面对定向凝固高温合金构件表面含不同形状再结晶的损伤行为的有限元模拟计算结果可得：

（1）再结晶层的疲劳/蠕变寿命很短，在较短时间内再结晶层首先开始起裂、破坏。

（2）再结晶层的破坏基本上都是从内部开始（尤其是表面再结晶层与基体材料的界面处应力较大，易发生早期损伤并萌生裂纹），其损伤演化方向与再结晶区的形状有关，如图7-13、图7-14、图7-16中再结晶层均从内向外形成了横向贯通裂纹，而图7-15中则是沿再结晶层与基体材料的界面发展。

（3）从再结晶层完全破坏到基体材料开始萌生裂纹还有一个过程，这是由于再结晶层与基体材料性能相差较大所致，再结晶层内或再结晶层与基体的界面处形成的裂纹对基体材料本身的性能影响不大。

（4）DZ4基体材料的起裂位置和损伤扩展与再结晶区的几何形状有很大关系，例如在图7-13、图7-14和图7-16中DZ4的起裂位置均在再结晶区的上下两端，而且损伤在开始时没有沿水平方向发展，而图7-15中DZ4材料却在中间位置形成水平裂纹，这主要与结构的应力场有关。对于图7-13、图7-14和图7-16中的再结晶形状，与再结晶中间部位相邻的DZ4合金基体材料应力较小，损伤也小，而在再结晶上下两端拐角处由于应力集中的原因，损伤量比中间大；对于图7-15所示的再结晶形状，由于没有应力集中的影响，所以中间位置的DZ4基体材料最先发生破坏，并沿水平方向发展。

（5）再结晶层较薄时（图7-16），可在再结晶层多处同时出现起裂破坏，但是对于基体材料的疲劳/蠕变寿命的影响比其他几种情况小（当t达到769550s时，基体材料的损伤仍未达到0.35）。

综上所述，定向凝固高温合金表面的再结晶对其构件内的应力分布与损伤演化行为有很大的影响：

（1）再结晶的存在可使应力增加35%以上。

（2）表面再结晶的存在易使定向凝固高温合金在再结晶与基体的界面处发生早期损伤，并萌生疲劳裂纹。再结晶区的形状对构件的损伤演化影响很大，根据再结晶区的形状不同，可能会形成多种破坏形式。再结晶区的破坏形式既可能从内向外沿再结晶晶界扩展形成水平裂纹，也可沿再结晶区与基体材料的界面开裂。而裂纹在定向凝固高温合金基体材料中扩展时，一般与正应力垂直。因此，定向凝固高温合金有表面再结晶时，裂纹在再结晶及基体材料中的扩展往往并不在一个平面内，而有可能形成如图7-17所示凸台。图7-17中所示的是某定向凝固叶片断口源区附近的低倍形貌，整个断口由三部分组成，部分A和部分B为裂纹断口，部分C为人工打断断口。其中部分A与部分C大致平行，为横断口，部分B与横断口斜交,为斜断口。根据一般断口的扩展方向,且由于叶片表面所受的应力最大,裂纹断口 A 的形成应先于部分 B,即部分 A 为起始开裂部分,部分 B 为裂纹扩展部分。对部分 A 放大后为韧窝 + 沿晶断裂特征,部分 B 放大后局部可见细密的疲劳条带。

图 7 - 17　某定向凝固叶片断口源区附近低倍形貌

7.2　再结晶对定向凝固高温合金高温低周疲劳寿命影响的理论计算

首先利用粘塑性损伤统一本构模型对带有局部再结晶的 DZ4 试棒进行损伤和寿命的有限元计算,结合已有的研究结果,验证粘塑性损伤统一本构模型有限元计算的可靠性。在进行再结晶对定向凝固高温合金高温低周疲劳寿命计算时,仍按图 4 - 18 所示的载荷谱进行。图 4 - 18 所示的载荷谱是一个包含了高周疲劳与低周疲劳的复合疲劳。由于高、低周疲劳相互耦合效应的影响,试件的复合疲劳寿命预测就显得较为复杂。由于高周与低周疲劳的频率比 n 不大,复合疲劳损伤可以按照低周疲劳损伤和高周疲劳损伤直接线性相加,即

$$dD_f = dD_{f1} + n \cdot dD_{f2}$$

式中: dD_f 为一个低周疲劳循环内总的疲劳损伤增量; dD_{f1} 为一个低周疲劳的损伤增量; dD_{f2} 为一个高周疲劳的损伤增量; n 为频率比。

利用上式进行疲劳损伤计算时,必须对复合疲劳载荷谱进行适当的分解,图 7 - 18 给出了(a)、(b)、(c)、(d)四种不同的载荷谱分解方法。

根据图 7 - 18 给出的四种载荷谱分解方式,利用粘塑性损伤统一本构理论对无再结晶的 DZ4 试件进行复合疲劳寿命计算,结果见表 7 - 5。可见由于蠕变作用的影响,利用(c)分解方法得到的载荷谱计算结果与试验结果最为接近。最终采用图 7 - 19 所示的载荷谱进行再结晶试样的复合疲劳/蠕变寿命计算。

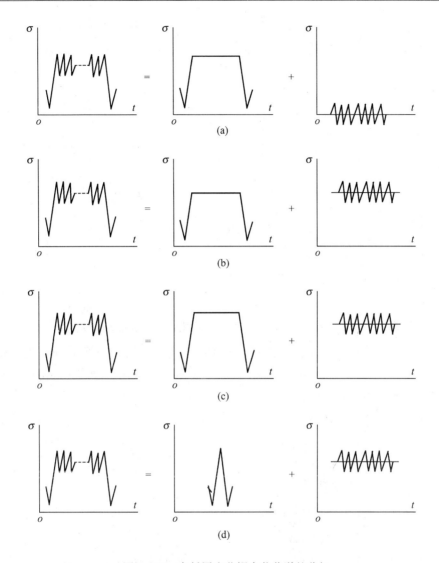

图 7 - 18　高低周疲劳耦合载荷谱的分解

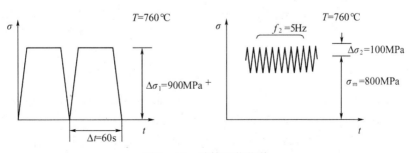

图 7 - 19　计算用载荷谱

表7-5　不同复合疲劳载荷谱分解方式下 DZ4 试样的计算寿命(块载荷数)

试验结果	分解方式(a)	分解方式(b)	分解方式(c)	分解方式(d)
821	893	6463	882	6510

根据表 7-6 给出的再结晶区尺寸,这里设计了三种较为典型的再结晶区形状进行寿命计算,其横截面见图 7-20。

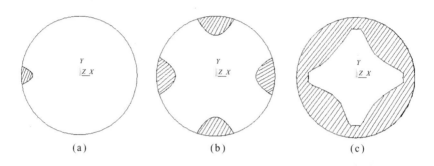

图 7-20　三种再结晶试件计算模型的截面形状(阴影部分为再结晶)

为了便于计算,再结晶区域的高度取 1mm,且仅对试件中间长 10mm 的部分进行损伤计算。以模型图 7-20(a)所示再结晶形状为例,其有限元模型见图 7-21,初始应力场如图 7-22 所示,损伤演化过程如图 7-23 所示。不同模型的复合疲劳寿命计算结果见表 7-6。

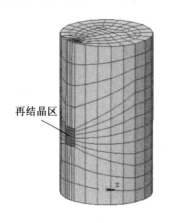

再结晶区

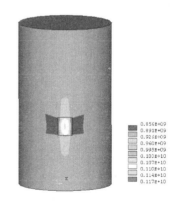

| 0.856E+09 |
| 0.891E+09 |
| 0.926E+09 |
| 0.960E+09 |
| 0.995E+09 |
| 0.102E+10 |
| 0.107E+10 |
| 0.110E+10 |
| 0.114E+10 |
| 0.117E+10 |

图 7-21　模型(a)的有限元模型　　　图 7-22　模型(a)的初始应力场

计算结果表明,含表面再结晶层的定向凝固高温合金构件的破坏首先从再结晶区开始,起裂位置均发生在表面再结晶区与基体材料的界面上。至于裂纹首先萌生于构件内部的再结晶与基体材料的界面处,还是萌生于构件表面的再结晶区

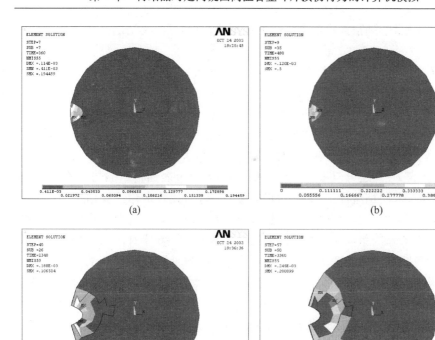

(a)　　　　　　　　　　　　(b)

(c)　　　　　　　　　　　　(d)

图 7 – 23　模型(a)的损伤演化过程

(a) $t = 360\text{s}$；(b) $t = 480\text{s}$ (c) $t = 2340\text{s}$；(d) $t = 3360\text{s}$。

表 7 – 6　三种再结晶模型的高温疲劳/蠕变寿命计算结果

试件	再结晶区形状尺寸	再结晶起裂寿命（载荷块数）	疲劳寿命（载荷块数）	试验结果（载荷块数）
A	$880\mu\text{m} \times 610\mu\text{m}$	8	58	60
B	四处 $\times 960\mu\text{mm}$	9	34	9[①]
C	一周,最大宽度 $1000\mu\text{m}$	11	14	6[①]
	无再结晶	—	882	821
① 与该结果对应的实际断口再结晶区的特征尺寸均为"周边多处"×宽度				

与基体材料的界面处,则受具体再结晶区大小、形状等因素的影响。如果裂纹首先从构件内部的再结晶与基体材料的界面处萌生,则在再结晶层内裂纹的扩展方向是由构件内部的再结晶与基体材料的界面或沿再结晶晶界向构件表面扩展。再结

晶区一旦发生破坏,则很快沿整个再结晶区裂透,由此可知再结晶区的抗疲劳性能很差。

由表7-6可以看出,在图7-20所示的三种再结晶模型中,再结晶的起裂寿命在总寿命中所占的比例分别为13.8%、26.5%和78.6%,表明随着再结晶区面积的增大,定向凝固高温合金基体材料的疲劳寿命在总寿命中的比例下降。这是由于随着再结晶区面积的增大,再结晶部分破坏之后,基体材料的有效承载面积降低,实际所承受的应力显著升高,从而使疲劳寿命显著降低。

另外,从表7-6还可以看出,当定向凝固高温合金表面再结晶的尺寸较小、疲劳寿命较高时,采用粘塑性损伤统一本构理论进行的疲劳寿命计算结果与实际试验的结果非常吻合。而再结晶的尺寸较大、疲劳寿命较低时,疲劳寿命的计算结果与实际的试验结果偏差较大。在此需要指出的是,表7-6中计算所用的再结晶尺寸实际是疲劳断口上沿晶特征区域的尺寸,而非定向凝固高温合金试样表面实际的再结晶尺寸。从相关的断口金相及断口特征观察可知,表7-6中试件B和C断口附近实际的再结晶尺寸远大于断口上所观察到的沿晶特征区域尺寸,且试件B和C的断口上也无明显的疲劳区,试件在低周疲劳试验过程中从表面多处萌生疲劳裂纹并快速扩展断裂。若采用断口金相上所测得的再结晶尺寸进行计算,则其计算结果也应与试验结果相差不大。当然,对此应作进一步的深入研究,同时也应包括计算模型的完善以及定向凝固高温合金完全再结晶材料常数的测定。

7.3　再结晶对定向凝固高温合金叶片 高温疲劳/蠕变寿命的影响

我们在进行再结晶对定向凝固DZ4合金叶片高温疲劳/蠕变寿命影响的计算与研究过程中,按工程实际设计的载荷、温度及约束条件,并在排气边定义一个宽度约3mm、高度约4mm的再结晶区。

为了研究再结晶区形状的影响,我们采用了两种形状的再结晶区进行研究(图7-24),其中形状一的再结晶边界为光滑的圆弧,而形状二的再结晶区边界含有尖角。

图7-25给出了第一种再结晶形状(形状一)的损伤场和应力场演化过程。在开始时,再结晶区内损伤最大,见图7-25(a);当$t=115920s(32.2h)$时,再结晶内部开始破坏,破坏后该处的应力值和损伤值均为零,见图7-25(b),图7-25(c)给出了此时再结晶部分的局部放大;当$t=226320s(62.87h)$时再结晶部分基本上全部破坏脱落,最大损伤转移到叶背,见图7-25(d);当$t=483920(133.144h)$时,在叶背处开始破坏,见图7-25(e)。

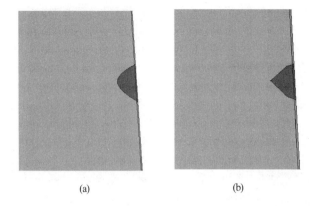

(a)　　　　　　　　　　　(b)

图 7 - 24　两种再结晶区形状(深色区为再结晶区)
(a)形状一;(b)形状二。

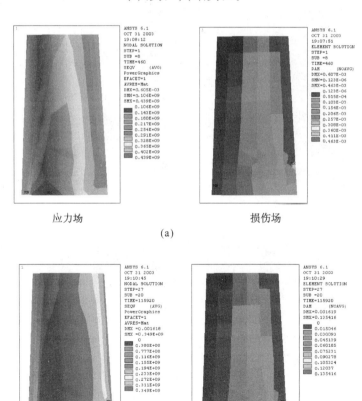

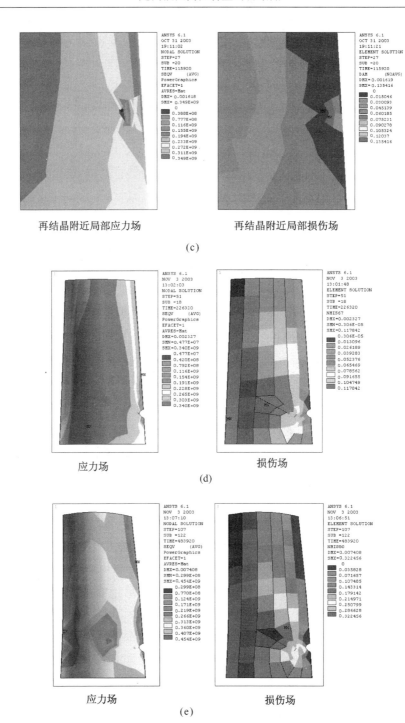

再结晶附近局部应力场　　　　　再结晶附近局部损伤场

(c)

应力场　　　　　损伤场

(d)

应力场　　　　　损伤场

(e)

图 7-25　再结晶叶片的应力和损伤演化过程(形状一)

(a) $t = 460\text{s}$;(b) $t = 115920\text{s}$;(c) $t = 115920\text{s}$;(d) $t = 226320\text{s}$;(e) $t = 483920\text{s}$。

图 7－26 给出了第二种再结晶形状(形状二)的损伤场和应力场演化过程。开始时最大损伤也发生在再结晶区内；当时间 $t=79120s(21.98h)$ 时，再结晶内部开始破坏，见图 7－26(b)；当时间 $t=134320s(37.31h)$ 时再结晶区基本上全部破坏，此时的最大应力发生在该尖角处，但是最大损伤却在叶背，见图 7－26(c)；当 $t=266120(73.92h)$ 时，叶片最大损伤转移到了再结晶区缺口处，见图 7－26(d)；当 $t=410320s(113.98h)$ 时，叶片上与再结晶区附近的基体材料在再结晶区缺口处破坏，见图 7－26(e)；当 $t=437920s(121.64h)$ 时，损伤进一步向基体材料内部发展，见图 7－26(f)。

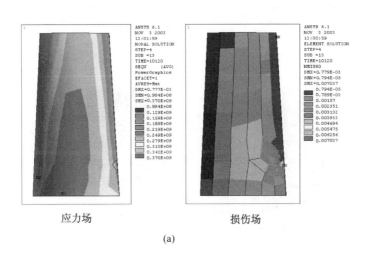

应力场　　　　　　　　　　　　　损伤场

(a)

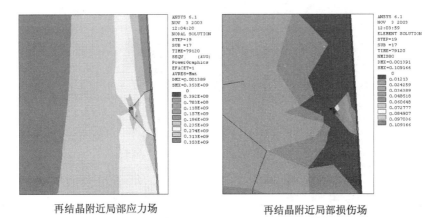

再结晶附近局部应力场　　　　　　再结晶附近局部损伤场

(b)

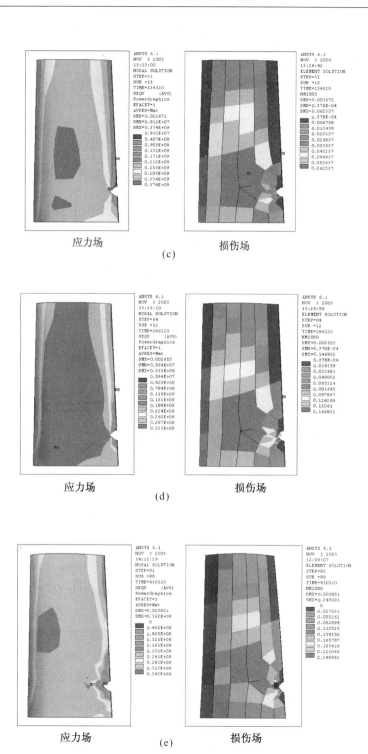

应力场　　　　　　　　损伤场

(c)

应力场　　　　　　　　损伤场

(d)

应力场　　(e)　　损伤场

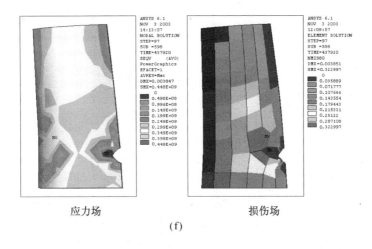

　　　　　　　　应力场　　　　　　　　　　　　　　损伤场

(f)

图 7 - 26　再结晶叶片的应力和损伤演化过程(形状二)

(a) $t = 10120s$；(b) $t = 79120s$；(c) $t = 134320s$；(d) $t = 266120s$；(e) $t = 410320s$；(f) $t = 437920s$。

　　由上述计算结果可知：

　　(1) 由于排气边应力水平本身比较低，因此尽管再结晶区使其局部应力增大，但是最大应力仍在叶背处；

　　(2) 有表面再结晶的定向凝固高温合金叶片的早期损伤与裂纹萌生发生在再结晶区内，并首先向叶片表面扩展，并在较短时间内使再结晶区破坏；

　　(3) 再结晶区的形状对叶片的损伤发展模式起着至关重要的作用，对于特定的再结晶区形状，叶片的基体材料的裂纹萌生基本不受再结晶区裂纹萌生与扩展途径的影响，但大部分情况下，叶片基体材料将在再结晶区破坏后所形成的最大应力集中处萌生疲劳裂纹并扩展。

　　另外，由于在计算中损伤的发展是以杀死单元的形式来体现的，所以单元的形状和大小必定会影响到计算结果的精确性。在计算中为了减小计算量，在距离再结晶区比较远的地方有限元网格划分得比较粗糙，所以模拟的损伤发展过程肯定与实际的情况存在一定的差异。

参考文献

[1]　李海燕. 正交各向异性粘塑性统一本构模型的研究与应用[D]. 北京：北京航空航天大学，2002.

[2]　Kevin P Walker. Research and development program for nonlinear structural modeling with advanced time-temperature dependent constitutive relationships. NASA-CR - 165533.

[3]　郑运荣，阮中慈，王顺才. DZ22 合金的表面再结晶及其对持久性能的影响. 金属学报，1995，31(Suppl)：325.

[4]　北京航空研究所. 航空发动机设计用材料数据手册. 航空航天工业部 606 所，1990.

第8章 定向凝固和单晶高温合金的动态再结晶

定向凝固和单晶高温合金作为先进航空发动机和地面燃气轮机的涡轮叶片材料,其工作温度接近于再结晶温度甚至高于再结晶温度。因此,定向凝固和单晶高温合金在长期服役条件下的动态再结晶问题是一个值得关注的问题。本章简要介绍定向凝固和单晶高温合金动态再结晶的基本概念、与变形合金动态再结晶的差异、动态再结晶的基本过程、特点及其控制。

8.1 动态再结晶的基本概念

根据再结晶发生的过程和温度,再结晶可分为静态再结晶和动态再结晶。对于一般变形金属而言,静态再结晶是指冷加工(低于材料再结晶温度的加工过程)后材料退火过程中发生的再结晶;动态再结晶是指热加工(高于材料再结晶温度的加工过程)中发生的再结晶[1]。通常讲的再结晶,如果不加以特别说明,一般是指静态再结晶。对于定向凝固和单晶高温合金,特别是精密铸造的定向凝固和单晶高温合金叶片,除榫头、叶冠有少量表面要加工外,基本不存在加工过程,而构件的加工和使用温度也低于其静态再结晶温度。显然,定向凝固和单晶高温合金的动态再结晶与常用变形合金的动态再结晶有很大的差别,定向凝固和单晶高温合金的动态再结晶一般是指构件在使用条件下的再结晶。

变形金属在热加工时正在进行的动态再结晶,在外力去除后可能发生两种情况:其一是动态再结晶时形成的再结晶核心以及正在推移的再结晶晶粒界面,不需再经过孕育期就可以继续长大和推移,这一过程称为亚动态再结晶;另一种情况是经过一段孕育期后,在形变的基体上,重新形成再结晶核心并长大,这一过程称为静态再结晶。

一般变形金属冷加工和热加工的分界点是再结晶温度,但从再结晶的本质看,再结晶并没有一个热力学意义明确的临界温度。也就是说,从再结晶形核和长大的角度看,金属或合金从形变的瞬间开始,就获得了储存能,就具备了回复和再结晶的热力学条件,原则上就可以发生回复和再结晶。温度不同,只是回复和再结晶

的速度不同而已。Arrhenius 方程很好地体现了再结晶程度与温度的关系,即

$$G = G_0 \exp(-Q/RT) \tag{8-1}$$

或

$$G = X_V/t = G_0 \exp(-Q/RT) \tag{8-2}$$

式中:Q 为再结晶激活能,和塑性变形量成反比关系;X_V 为再结晶百分数,或者说再结晶的完全程度;R 为气体常数;T 为热力学温度;t 为时间。

可以看到,再结晶的完成程度与温度成指数的正比关系,温度越高,再结晶越完全,再结晶所占比例越大,再结晶深度越大。

8.2　动态再结晶的基本过程

8.2.1　一般金属材料的动态回复和动态再结晶

1. 动态回复

热加工过程中,一方面因为材料的形变,位错不断增殖和积累;另一方面,在热激活作用下,位错偶对消与位错胞壁规整化形成的亚晶及亚晶的合并等过程也在进行。也就是说,材料在形变硬化的同时发生了动态回复。

形变硬化和回复软化在热变形中的消长程度取决于材料本性、应变速率和形变温度等因素。

高层错能金属材料热加工时容易发生动态回复,如铝、α - 铁、铁素体钢以及一些密排六方金属(Zn、Mg、Sn 等)。这类材料因层错能高,位错的交滑移和攀移比较容易进行,在一定变形温度下,位错增殖导致硬化和位错通过交滑移和攀移在滑移面间转移使异号位错相消导致软化的两种过程同时存在。初始变形时,位错增殖较快,变形应力上升,直至位错密度达到一定值后,材料中不断产生新位错的速率与等量位错消失的速率相等,材料中保持恒定的位错密度,则可以在恒定应力下进行持续变形。发生动态回复的材料因位错密度在稳定应力持续变形时已不再升高,其变形储存能一般不能积累至诱发再结晶的程度,故一般不再出现动态再结晶。动态回复的组织形态是在呈纤维状晶粒内有等轴状的亚晶粒,亚晶边界(或胞壁)内位错密度保持恒定,这种亚晶是在动态回复中经反复多边化(或规整化)所形成的。

对于低层错能或中等层错能材料,回复过程不如高层错能材料容易,动态回复往往难以同步抵消形变时的位错积累,当位错积累到一定程度后就会促发再结晶形核,即发生动态再结晶。

2. 动态再结晶

低层错能金属材料热加工时容易发生动态再结晶,如铜及其合金、镍及其合

金、金和钯及其合金、γ-铁、奥氏体钢及奥氏体合金、以及高纯度的 α-铁等。这类材料中位错交滑移和攀移比较困难,在热变形中不容易单靠动态回复来抵消位错的繁殖,当位错积累到一定程度后就会促发再结晶形核,即发生动态再结晶。

动态再结晶与静态再结晶一样,也是一个大角度晶界向高位错密度区域移动的过程。动态再结晶也需要一定大小的驱动力(储存能),由于热形变过程中的动态回复随时在进行,储存能随时在释放,不容易积累到再结晶所需的水平,所以往往要在比静态再结晶临界形变量高得多的形变量下,才能发生动态再结晶。

材料发生动态再结晶时,应力-应变曲线可能出现单峰,也可能出现多峰。当应变速率高或者形变温度低时,应力-应变曲线出现一个宽阔的单峰。当应变速率减小或者形变温度增加,应力-应变曲线会从单峰过渡到多峰状态。

工程上常用 Zener-Hollomon 参数 Z 来描述热加工参数。Z 定义为

$$Z = \dot{\varepsilon}\exp\left(\frac{Q_0}{RT}\right) = F(\sigma_m) \qquad (8-3)$$

式中:Q_0 为表观形变激活能(和应力几乎无关);R 为气体常数;σ_m 为应力-应变曲线第一个峰的流变应力值。以 Z_c 表示应力-应变曲线从单峰过渡到多峰的临界 Z 值,D_0 表示热加工材料的原始晶粒尺寸,D_s 表示稳态晶粒尺寸。试验表明,当 $2D_s \leq D_0$,应力-应变曲线是单峰的,并且动态再结晶时发生晶粒细化;当 $2D_s \geq D_0$,应力-应变曲线是多峰的,并且动态再结晶时发生晶粒粗化。图 8-1 是两种类型动态再结晶的显微组织机制示意图。

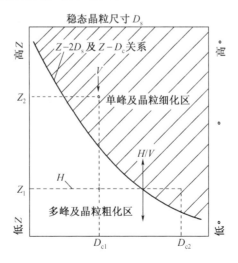

图 8-1　两种类型动态再结晶的显微组织机制示意图[1]

概括地说,多晶材料发生动态再结晶的一般特征如下。

(1)材料发生动态再结晶时,其应力-应变曲线出现一个宽阔的峰或多个峰,

取决于 Z 值和原始晶粒尺寸 D_0。

（2）到达某一临界应变量 ε_c，材料才会开始动态再结晶，这个临界值比峰值应变略低。峰值对应的应力 σ_m 与 Z 相关。

（3）ε_c 随应力 σ 或 Z 值的降低而降低。

（4）动态再结晶的稳态晶粒尺寸 D_s 随应力 σ 减少而增加。

（5）虽然小的原始晶粒使动态再结晶加速，但流变应力和稳态晶粒尺寸 D_s 几乎与原始晶粒尺寸无关。

（6）虽然在非常低的应变速率和很大的原始晶粒尺寸时，动态再结晶也会在晶粒中形核，但通常都在原来的晶界上形核。

8.2.2　定向凝固高温合金的动态再结晶

对材料动态再结晶行为研究的主要目的是优化材料性能和提高材料的工程安全可靠性。例如，通过试验总结归纳出变形高温合金 Zener-Hollomon 参数 Z，就可以在热加工时选择适当的加工温度 T 和应变速率 $\dot{\varepsilon}$ 来控制变形后的晶粒大小。再如，通过对定向凝固 NiAl、Ni_3Al 合金动态再结晶行为的研究，可以得到合金发生超塑性变形的条件，使这些本质脆性的材料在工程上的应用范围扩大。

对于普通合金，动态再结晶是指在热加工过程(高于材料再结晶温度的加工过程)中发生的再结晶。对于定向凝固和单晶高温合金，特别是精密铸造的定向凝固和单晶高温合金叶片，除榫头、叶冠有少量表面要加工外，基本不存在加工过程，而且构件的加工温度也远低于其再结晶温度。显然，定向凝固和单晶高温合金的动态再结晶与一般变形合金的动态再结晶有显著的区别，定向凝固和单晶高温合金的动态再结晶一般是指构件在使用条件下的再结晶。由于工作条件较为苛刻，定向凝固和单晶涡轮叶片不仅要具有承受高温和复杂的应力状态(离心力、气动力以及复杂振动应力的叠加)的能力，而且还需满足长寿命、高可靠性的要求。在高温、长时、低应变速率的服役条件下，定向凝固和单晶涡轮叶片很可能会发生动态再结晶。

定向凝固和单晶高温合金是通过定向凝固工艺消除横向晶界的，合金的工程定位是发动机热端部件，因此从合金的研制阶段起，就通过调整合金成分、优化热处理工艺使合金在高温下具有良好的综合性能。换言之，定向凝固和单晶高温合金中的动态再结晶是材料供方、使用方都不希望出现的现象。因此，国内外对定向凝固和单晶高温合金动态再结晶行为研究得较少。

1. 定向凝固 Ni_3Al 合金的动态再结晶

谷月峰等人在研究定向凝固 Ni_3Al 合金的高温变形行为时，发现了 Ni_3Al 合金的动态回复和动态再结晶现象[2,3]。定向凝固 Ni_3Al 合金在 1000～1050℃ 温度范围内,变形速率较快(2.1×10^{-2}/s)时,原始柱状晶晶界无明显变化,晶内无明显亚结构存在;在变形速率较慢(2.1×10^{-4}/s)时,合金呈现超塑性,超塑变初期柱状晶晶界呈现"锯齿状",如图8-2所示,超塑变后期原始柱状晶晶界消失,代之以晶粒尺度约为$15\mu m$的晶粒带,如图8-3所示,晶粒带中既有小角度晶界,也有大角度晶界。定向凝固Ni_3Al合金在2.1×10^{-2}/s应变速率下,快速变形产生的大量位错会迅速移动至柱状晶界处并形成位错塞积群,位错塞积群中位错密度较高,可能成为动态回复的有利区域,但由于变形速度较快,变形产生的位错来不及对消或形成亚结构等动态回复过程而被消耗,导致由于位错塞积等产生的硬化过程在变形中占主导地位。而在2.1×10^{-4}/s应变速率下,由于变形速率相对较慢,当位错密度在晶界或晶内某些区域达到一定值时,便会发生动态回复,此时,位错通过交互作用形成亚结构,发生动态回复和动态再结晶。

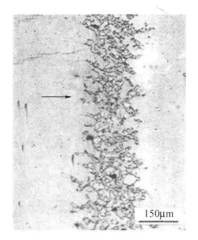 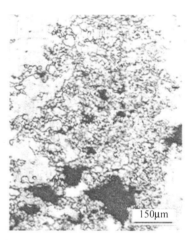

150μm   150μm

图8-2　定向凝固 Ni_3Al 合金动态　　　　图8-3　定向凝固 Ni_3Al 合金动态

回复过程中的"锯齿状"晶界[3]　　　　　再结晶形成的晶粒带[3]

2. 定向凝固 DZ38G 合金的动态再结晶

张静华等人在对定向凝固 DZ38G 合金进行热疲劳性能试验时发现[4],试样经500次循环后(温度周期为$1min$,上限温度900℃,下限温度20℃,试样加热$55s$,在20℃水中停留$5s$),有小晶粒和孪晶再结晶现象,一部分再结晶晶界是大 γ' 区和方形 γ' 的交界,如图8-4所示,新晶粒的链状晶界仍由颗粒状 $M_{23}C_6$ 碳化物组成。孪晶一般在小晶粒内部形成,如图8-5所示。动态再结晶晶粒尺寸在几十微米数量级,数量不多。这种动态再结晶现象,主要是由于热循环过程中晶体内部产生应变,而两种不同尺寸 γ' 区交界处的畸变能较高,后续的热循环又起到了再结晶的热激活作用。孪晶只需较低的激活能便可形成。

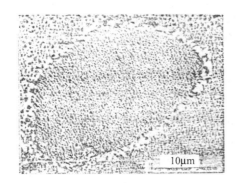

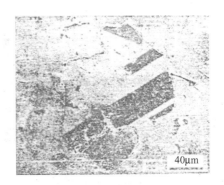

图 8 - 4　定向凝固 DZ38G 合金热循环
过程中形成的动态再结晶形貌[4]

图 8 - 5　定向凝固 DZ38G 合金热循环
过程中形成的孪晶形貌[4]

3. 定向凝固 DZ4 合金的动态再结晶

定向凝固 DZ4 合金在高温大气环境下的持久/蠕变变形中发生了动态再结晶。定向凝固 DZ4 合金在不同温度、应力和时间作用下的动态再结晶情况见表 8 - 1。动态再结晶晶粒出现在试样边缘,深度较浅,例如在 900℃/200MPa、1000h 的作用下,动态再结晶深度仅为 6μm,动态再结晶晶粒的最大深度也只有 15μm。

表 8 - 1　定向凝固 DZ4 合金动态再结晶情况

试验制度	试验时间/h	动态再结晶情况
950℃/120MPa 持久	>1000	动态再结晶层不连续,再结晶深度约为 1.5μm,局部最大再结晶深度约为 6μm
900℃/200MPa 持久	>1000	动态再结晶层连续,再结晶深度约为 6μm,局部最大再结晶深度约为 15μm。再结晶晶粒内可见明显的孪晶组织
850℃/200MPa 持久	>1000	动态再结晶层连续,再结晶深度约为 4μm,局部最大再结晶深度约为 5μm
850℃/200MPa 蠕变	>1000	
800℃/200MPa 蠕变	>1000	动态再结晶层连续,再结晶深度约为 3μm
850℃/450MPa 蠕变	160	动态再结晶层不连续,再结晶深度约为 4 ~ 6μm
800℃/450MPa 蠕变	>1000	动态再结晶层不连续,再结晶深度约为 7μm,局部最大再结晶深度约为 12μm。新的动态再结晶晶粒在试样边缘再结晶晶粒处重新形核,并向基体内生长
850℃/500MPa 蠕变	63	动态再结晶层不连续,再结晶深度约为 7μm
800℃/500MPa 蠕变	846	未发生明显的动态再结晶
800℃/500MPa 持久	665	

定向凝固 DZ4 合金的动态再结晶形貌如图 8 - 6 所示,部分动态再结晶晶粒内可见孪晶组织。在高温长时变形条件下,试样边缘的动态再结晶晶粒会发生剥落。

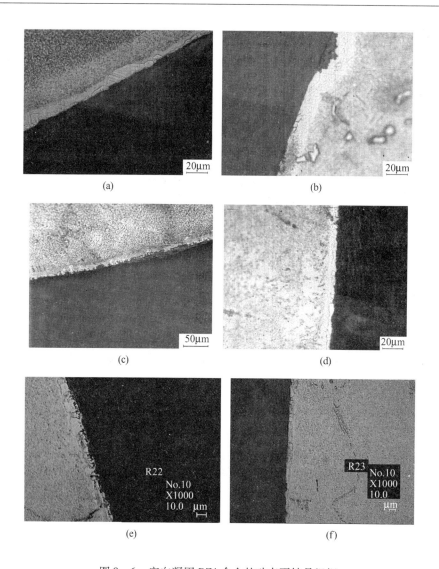

图 8-6　定向凝固 DZ4 合金的动态再结晶组织

(a) 900℃/200MPa 持久 1000h；(b) 850℃/200MPa 持久 1000h；(c) 800℃/200MPa 蠕变 1000h；
(d) 850℃/450MPa 蠕变 160h；(e) 800℃/450MPa 蠕变 1000h；(f) 850℃/500MPa 蠕变 63h。

　　发生动态再结晶的试样边缘均存在一环形耐蚀层,耐蚀层深度在 10 ~ 20μm,
动态再结晶晶粒位于耐蚀层内,动态再结晶深度小于耐蚀层深度。耐蚀层内的 γ'
相较难腐蚀(即基体的 γ' 相完好地被腐蚀时,耐蚀层的 γ' 相基本没有显现,而当耐
蚀层的 γ' 相略有显现时,基体内的 γ' 相已经"过腐蚀"),γ'相细小、圆滑,呈圆球状
形貌,如图 8-7 所示。基体内的 γ' 相无明显变化,仍呈立方状形貌,如图 8-8 所
示。耐蚀层附近区域元素成分的面扫描结果表明,耐蚀层内 γ'相形成元素 Ti、Al

的含量较基体内低,O 元素的含量与基体的差别不大,Co、Cr、Ni、Mo 合金元素的含量变化不大,而耐蚀层外的表层氧化皮区内的 O、Al 元素含量较基体与耐蚀层的高。

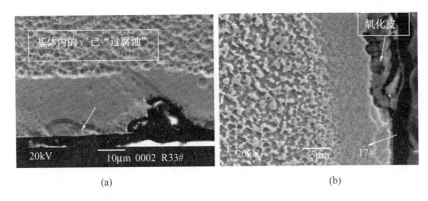

(a)　　　　　　　　　　　　　　(b)

图 8-7　定向凝固 DZ4 合金试样边缘的耐蚀层及其内的动态再结晶组织
(a) 850℃/500MPa 蠕变 63h(耐蚀层外侧的氧化皮已去除);
(b) 850℃/200MPa 持久 1000h(耐蚀层外侧的氧化皮部分去除)。

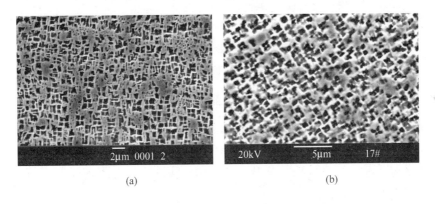

(a)　　　　　　　　　　　　　　(b)

图 8-8　定向凝固 DZ4 合金基体中的 γ′形貌
(a) 固溶时效态;(b) 850℃/200MPa 持久 1000h。

通过对定向凝固 DZ4 合金动态再结晶的试验研究,得到如下规律。

(1) 在长时间高温和低应力(低应变速率)作用下,定向凝固高温合金可以发生 10μm 左右的动态再结晶,动态再结晶层位于试样边缘的耐蚀层内。例如在 800℃/450MPa、1000h 的保持时间下,定向凝固 DZ4 合金仅在试样表面形成了 7μm 左右的动态再结晶层,在 850℃/200MPa、1000h 的保持时间下,仅在试样表面形成了 4μm 左右的动态再结晶层。

(2) 定向凝固高温合金的动态再结晶可能不仅仅与高温塑变量有关,还可能与自由表面、高温塑变速率等多因素有关。定向凝固 DZ4 合金 800℃ 的持久/蠕变试验结果(500MPa 蠕变变形量为 12.11% 的试样边缘无动态再结晶,而 450MPa、200MPa 蠕变变形量较小的试样边缘有动态再结晶)以及大量的定向凝固高温合金高温拉伸试棒上未见动态再结晶的事实证实了这一点。

（3）定向凝固高温合金的动态再结晶行为受应变速率的影响,在温度较低的情况下(例如定向凝固 DZ4 合金在 800℃ 的动态再结晶行为),形成表层动态再结晶需要较低的应变速率,而在温度较高的情况下(例如定向凝固 DZ4 合金在 850℃ 的动态再结晶行为),形成表层动态再结晶的应变速率可以相对高些。

（4）在应力及其作用时间一定的情况下,定向凝固高温合金的动态再结晶层深度基本上随着温度的升高而增加。图 8-9 给出了定向凝固 DZ4 合金在 200MPa 应力作用 1000h 下的动态再结晶深度-温度关系曲线。

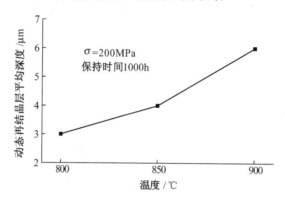

图 8-9　定向凝固 DZ4 合金动态再结晶深度与试验温度的关系曲线

（5）相对温度而言,时间对动态再结晶的影响不明显,甚至难以体现。例如定向凝固 DZ4 合金在 850℃/450MPa 蠕变 160h 后试样周边形成了厚度仅为 4~6μm 的不连续动态再结晶,850℃/500MPa 蠕变 63h 后试样周边形成了厚度仅为 7μm 的不连续动态再结晶。

8.2.3　单晶高温合金的动态再结晶

1. 单晶合金在高温低应变速率下的动态再结晶

单晶 DD3 和 SRR99 合金的动态再结晶行为同定向凝固 DZ4 合金类似,也表现为：①在一定的温度和应力(应变速率)下才会发生动态再结晶,例如单晶 DD3 合金在 900℃/100MPa/1000h 条件下没有发生动态再结晶,而在 1000℃/100MPa/1000h 条件下发生了动态再结晶。单晶 SRR99 合金在 950℃/100MPa/1000h 条件下没有发生动态再结晶,而当温度等于或高于 1000℃ 时均发生了动态再结晶；②试样边缘均有一耐蚀层,耐蚀层内的 γ′ 相较难腐蚀,γ′ 相细小、圆滑,呈圆球状形貌,如图 8-10 所示；③耐蚀层附近元素成分的分布规律与定向凝固 DZ4 合金类似,即耐蚀层内 γ′相形成元素 Ti、Al 的含量较基体内低;④动态再结晶晶粒均出现在试样边缘的耐蚀层内,随机分布。耐蚀层深度在 20μm 左右,动态再结晶深度最大可达 20μm,但绝大数动态再结晶晶粒的深度要小于 20μm,如图 8 - 11 所示和图 8 - 12 所示。

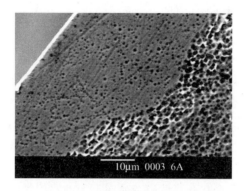

图 8 - 10　单晶 DD3 合金耐蚀层附近的微观组织(1000℃/100MPa 持久 1000h)

图 8 - 11　单晶 DD3 合金的动态再结晶组织(1000℃/100MPa 持久 1000h)

图 8 - 12　单晶 SRR99 合金的动态再结晶组织(1000℃/100MPa 持久 1000h)

定向凝固 DZ4 合金、单晶 DD3 和 SRR99 合金在高温低应变速率条件下的动态再结晶主要有以下特点：①动态再结晶温度低于静态再结晶温度，发生动态再结晶所需的临界应变量也较小。比如 DZ4 合金 800℃ 可以发生动态再结晶，而它的静态再结晶温度在 1000 ~ 1050℃ 范围内。单晶 SRR99 合金在 1000℃ 可以发生动态再结晶，而它的静态再结晶温度在 1000 ~ 1050℃ 范围内。单晶 SRR99 合金在 1200℃ 下发生静态再结晶的临界应变量为 2% ~ 4%，随着温度下降，静态再结晶所需临界应变量还会增大，而它在 1000℃ 下发生动态再结晶的临界应变量小于 1%。可见，动态再结晶所需的驱动力（应变量）明显小于静态再结晶。②动态再结晶形貌与相近温度下的静态再结晶形貌存在明显差异，单晶 SRR99 合金在 1050℃ 形成的动态再结晶为完整的再结晶晶粒，晶粒内没有条状 γ' 相出现，而在该温度下形成的静态再结晶晶粒为胞状组织。③动态再结晶晶粒均位于试样边缘的耐蚀层即 γ' 相贫化层内，深度一般较固溶过程中形成的静态再结晶深度小很多。

定向凝固和单晶合金在高温低应变速率下的动态再结晶与静态再结晶在形成温度、所需临界应变量以及组织形貌方面均存在明显差异，这主要与表面氧化有关。在第 3 章中讨论了氧污染对定向凝固及单晶高温合金静态再结晶的影响，与静态再结晶相比，氧污染对定向凝固及单晶高温合金动态再结晶的影响更为明显，这是因为动态再结晶除与高温密切相关外，还受到外加拉应力的长时间作用。在外加拉应力与长时间的高温作用下，氧的扩散速率要比静态水平下高。在长时间高温及拉应力作用下，试样表面会形成一个 γ' 相贫化层，该贫化层内 γ' 相几乎完全溶解，再结晶形核和晶界迁移的阻力显著降低。因此，动态再结晶可以在较低温度下发生，所需的驱动力（应变量）也明显减小。此外，由于 γ' 相贫化层内 γ' 相粒子很少，再结晶晶界迁移过程中几乎不需要溶解 γ' 相粒子，晶界处的 γ' 相形成元素的过饱和度很小，条状 γ' 相核心难以形成，形成的动态再结晶晶粒为完整的再结晶晶粒，晶粒内没有粗大条状 γ' 相出现。

从受力情况分析，在持久/蠕变试验条件下，试样中心区域是受力较大的区域，而单晶高温合金的动态再结晶均发生在试样的表面区域。这主要与自由表面以及表面氧化有关。和静态再结晶一样，动态再结晶晶粒在自由表面形核时可以减少新增界面，从而减少界面能的增加。和基体内部形核相比，在自由表面形核所需的驱动力（应变能）要小得多。此外，γ' 相贫化层的出现，可以显著降低位错迁移的阻力，从而进一步减小表面形核的阻力。在高温低应变速率条件下，动态再结晶晶粒首先在试样表面形核，然后沿 γ' 相贫化层向内生长，最后形成的动态再结晶晶粒均位于 γ' 相贫化层内。

对于工程上用作热端部件的定向凝固和单晶高温合金叶片，其表面往往具有厚度为几十微米的涂层。涂层的存在一方面可以消除自由表面，增加再结晶形核阻力,另一方面可以显著降低高温环境下定向凝固和单晶高温合金叶片表面的氧化程度,两者的共同作用可有效防止单晶高温合金叶片在使用过程中发生动态再结晶。例如,涂覆渗层的定向凝固 DZ4 合金叶片及单晶 DD3 合金叶片在较长服役(试车)时间后均未发现动态再结晶组织。

2. 单晶合金在高温高应变速率下的动态再结晶

参考文献[5]利用高温压缩变形研究了单晶 SRR99 合金在高温高应变速率下的动态再结晶行为。单晶 SRR99 合金在高温压缩条件下的动态再结晶趋势如图 8 - 13 所示,图中"R"表示发生了动态再结晶,"N"表示未发生动态再结晶。可以看出,当应变量不超过 8% 时,单晶 SRR99 合金在 1000℃ 和 1050℃ 条件下均未发生动态再结晶;在 1100℃ 下,单晶 SRR99 合金发生动态再结晶的临界应变量在 2% ~4% 之间。和低应变速率条件下的动态再结晶相比,高应变速率下,单晶 SRR99 合金发生动态再结晶的温度和临界应变量均显著提高。这主要是因为高温压缩条件下表面氧化作用几乎可以忽略,大量存在的 γ' 相粒子会阻碍位错的迁移,使再结晶形核困难。此外,由于应变速率较快,变形产生的大量位错来不及通过迁移和重排形成亚晶,进而推迟了再结晶形核过程。通常再结晶的形核机制有两种:一种是应变诱发晶界迁移形核机制,另一种是亚晶形核机制。对于单晶高温合金而言,应变诱发的原始晶界迁移机制显然是不存在的。因此,单晶高温合金的再结晶很可能以亚晶长大机制形核。γ' 相粒子的存在以及较快的应变速率均会推迟亚晶的形成,进而使再结晶形核困难。

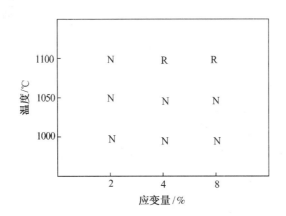

图 8 - 13　单晶 SRR99 合金在高温压缩条件下的动态再结晶趋势($\dot{\varepsilon} =10^{-4} s^{-1}$)

图 8 - 14 所示为单晶 SRR99 试样在 1100℃ 压缩条件下形成的动态再结晶形貌。高温压缩条件下形成的动态再结晶形貌和相同温度下的静态再结晶形貌相似,均为胞状组织。胞状再结晶组织分布在试样边缘,厚度较浅,应变量为 4% 的

压缩试样的最大再结晶厚度约为 12μm,应变量为 8% 的压缩试样的最大再结晶厚度约为 18μm。经过高温压缩变形后,基体中的 γ′ 相没有发生筏排,仍呈立方状。

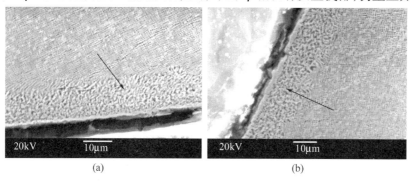

(a)　　　　　　　　　　　　　　　　　　(b)

图 8 - 14　　1100℃压缩试样的动态再结晶组织($\dot{\varepsilon} = 10^{-4} \mathrm{s}^{-1}$)
(a) $\varepsilon = 4\%$;(b) $\varepsilon = 8\%$。

图 8 - 15 所示为 1100℃压缩变形条件下应变速率对动态再结晶深度的影响。可以看出,随着应变速率降低,压缩试样的最大动态再结晶深度逐渐增加。在较高应变速率下,变形产生的位错来不及通过迁移和重排形成亚晶组织,进而推迟了再结晶形核过程。随着应变速率降低,位错有更多的时间进行迁移和重排,形成亚晶组织比较容易,在较小的应变程度下就可以在试样表面形成再结晶核心,再结晶核心有较多的时间长大,因此,形成的再结晶深度较大。

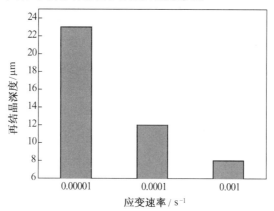

图 8 - 15　　1100℃压缩变形条件下应变速率对动态再结晶深度的影响($\varepsilon = 4\%$)

8.3　动态再结晶的基本形态

8.3.1　表面氧污染导致的动态再结晶

定向凝固和单晶高温合金(部件)在高温试验(服役过程)中受到周围气氛的

污染,其中与氧发生的污染最为普遍。合金(部件)氧污染较轻时,在表面形成 Al_2O_3、Cr_2O_3 氧化皮。氧污染较重时,发生内部氧化,激活元素(通常为 Al、Ti 和 Si)选择性迁移,在氧化表面形成贫化带,贫化带的成分与基体存在差异,不具有定向凝固和单晶高温合金的真正组分。

定向凝固和单晶高温合金在高温低应力(低应变速率)长时作用条件下,位错主要以热激活的方式来克服第二相障碍,热激活的蠕变阻力主要包括两部分,一部分是单个位错攀移 γ′ 相所需的临界门槛应力,这与施加的应力无关,另一部分是与施加应力有关的阻力项,代表了 γ′ 相强化以外的其他强化机制的贡献。试样表面发生氧污染后,一方面,由于氧污染层不具有真正的 γ′ 相组分,单个位错攀移 γ′ 相所需的临界门槛应力值降低,另一方面,试样表层溶质原子的氧化,使其固溶强化作用减弱,因此位错热激活的蠕变阻力减少,位错运动变得容易。也就是说表面氧污染加速或控制着定向凝固高温合金的动态再结晶行为。定向凝固高温合金表面发生动态再结晶后,动态再结晶晶界属于微观缺陷区,氧更容易沿着晶界扩散,最后试样表面的动态再结晶层常表现成晶界已严重氧化的晶粒形貌,氧化严重的情况下,较薄的再结晶层会像氧化皮一样发生脱落,见图 8 – 16。

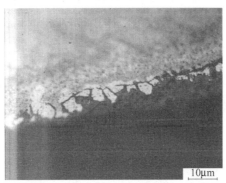

图 8 – 16　定向凝固 DZ4 合金表层动态再结晶的脱落形貌

8.3.2　铸造等轴晶和雀斑引发的动态再结晶

1. 铸造等轴晶和雀斑[6]

对定向凝固高温合金部件来说,铸造等轴晶和雀斑是一种铸造缺陷。这些缺陷可以通过在定向凝固工艺中严格控制凝固工艺参数来避免。

为避免形成铸造等轴晶,必须充分实现固液界面向已凝固固相的热传导,以避免由于凝固热 ΔH 积累而导致两相糊状区前沿固液界面上温度梯度 G_s 符号发生改变。这可以由凝固速率 R 和固相热传导系数 K_T 的关系式来表示:

$$R = \frac{K_T G_s}{\Delta H} \qquad\qquad (8-4)$$

当凝固速率 R 大于式(8-4)给出的速率后,将形成铸造等轴晶。生长速度和温度梯度关系图如图 8-17 所示。从图 8-17 可以看出定向凝固工艺成功进行的区域范围。

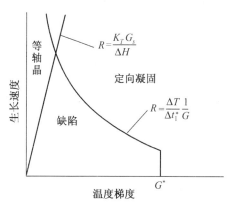

图 8-17　定向凝固工艺要求控制的铸造参数[6]

在控制定向凝固工艺过程中,需要考虑的另一个因素是雀斑,即等轴晶链的形成。

在定向凝固过程中,由于液相位于固相之上,凝固过程中由固相排出的溶质元素,如 Al、Ti,将富集在两相糊状区底部的液相中,并靠近已凝固固相。平均地说,该富 Al、Ti 的液相比固相和它上面的液相密度都要低,其上方的液体更接近于液相线温度且富 Al、Ti 程度也没有糊状区顶部的高。这种密度的差异,将使液体向糊状区顶部喷射,在此过程中枝晶尖端遭到破坏,破碎的枝晶将成为等轴晶链的形核核心,这种等轴晶链常称作雀斑。

对稳态凝固,存在一个临界温度梯度 G^*,在该临界温度梯度下,糊状区很短且不具备足够大的液体密度差来支持逆向液体射流的形成。因而温度大于 G^* 时,将不会形成雀斑。G^* 值与合金成分有关。在较低温度梯度下,液体射流的形成取决于液相线与固相线之间的温度差 ΔT、糊状区通过铸件中某点所需的时间即局部凝固时间 Δt_1 和糊状区中的温度梯度 G。若形成一个明显雀斑缺陷所需的临界时间为 Δt_1^*,那么不形成雀斑的凝固速度 R 必须为

$$R = \frac{\Delta T}{\Delta t_1^*} \frac{1}{G} \qquad\qquad (8-5)$$

2. 铸造等轴晶和雀斑引发的动态再结晶

动态再结晶的动力学过程受一系列因素影响,例如形变温度、形变速度、变形

方式、晶粒取向、原始晶粒尺寸等。定向凝固高温合金中的铸造等轴晶和雀斑的晶粒尺寸相对于柱状晶来说较小,在相同的形变温度和形变速度下,铸造等轴晶和雀斑可以提供更多的再结晶形核位置。因此,含有铸造等轴晶和雀斑的定向凝固高温合金,其动态再结晶往往以等轴晶和雀斑的晶界为核心形核和晶粒长大。在某定向凝固高温合金叶片中曾发现过该现象,如图 8 - 18 所示。

图 8 - 18　定向凝固高温合金叶片中等轴晶诱发的再结晶

8.3.3　枝晶间的动态再结晶

定向凝固高温合金显微组织具有不均性,在不同的区域例如枝晶杆和枝晶间,γ'的不均匀性更加明显,这种不均匀性与区域偏析及合金的饱和度有关,定向凝固高温合金的固溶和时效热处理只能在一定程度上减少这种不均匀性。与枝晶杆的 γ' 相比,枝晶间的 γ' 粗大,且形状不规则。这种枝晶杆和枝晶间微观组织的不均匀性,在外加应力的作用下,易造成局部应变的差异,在合适的温度和应变速率下,会发生枝晶间的动态再结晶。例如,张静华等人在热疲劳试验中发现的定向凝固 DZ38G 合金的动态再结晶行为应属于微观组织不均匀性造成的,如图 8 - 4 所示。

8.4　动态再结晶的控制

定向凝固高温合金发生动态再结晶后,由于再结晶晶界上强化元素贫乏,再结晶晶界易成为裂纹的优先萌生位置或扩展路径,因此,应严格控制定向凝固高温合金上的动态再结晶,预防措施主要包括:

(1) 控制凝固速率,保证凝固速度介于 $\dfrac{\Delta T}{\Delta t_1^*} \dfrac{1}{G} \sim \dfrac{K_T G_s}{\Delta H}$ 之间,以消除铸造等轴晶和雀斑;

（2）在定向凝固高温合金部件上采取有效的防护涂层,减少氧污染;

（3）对定向凝固高温合金部件进行定期的动态再结晶检查,对再结晶部件进行抛修处理;

（4）完善定向凝固高温合金热处理工艺,使显微组织尽量均匀化。

参考文献

［1］　余永宁.金属学原理.北京:冶金工业出版社,2003.

［2］　谷月峰,林栋梁,单爱党,等.定向凝固 Ni_3Al 合金高温变形行为的研究.金属学报,1996,32(11): 1145.

［3］　谷月峰,林栋梁,单爱党,等.定向凝固 Ni_3Al 合金高温变形后的显微组织特征.金属学报,1998, 34(4): 351.

［4］　张静华,唐亚军,胡壮麒,等.定向凝固 DZ38G 合金的热疲劳性能及微观组织.金属学报,1998, 24A(8): 254.

［5］　张兵.单晶高温合金的再结晶及其损伤行为研究.博士学位论文,北京:中国航空研究院,2009.

［6］　［美］西姆斯 C T,等.高温合金——宇航和工业动力用的高温材料.赵杰,等译.大连:大连理工大学出版社,1992.

第9章 含再结晶层定向凝固高温合金叶片的疲劳断裂

定向凝固和单晶高温合金目前主要用作航空发动机涡轮叶片,叶片的损坏一般不是由于静态应力或蠕变断裂引起,尤其在高性能的燃气涡轮发动机中,叶片的疲劳损伤特别是振动疲劳一直是发动机研制、改型和使用中密切关注的问题[1-3]。涡轮叶片在正常情况下一般不会发生低周疲劳断裂失效,但当叶型设计不当、叶片表面或亚表面存在较大的缺陷如铸造等轴晶、再铸层、再结晶或受到意外过载损伤时,则有可能产生低周疲劳破坏[3,4]。

应当指出,由于定向凝固和单晶高温合金弹性模量低且具有各向异性,因而具有优异的振动阻尼效果。同时,柱状晶、枝晶以及枝晶间细观甚至宏观单元及其构造的有机结合对控制振动具有良好的效果,如同抗地震一样,刚柔相结合的地壳结构具有较好的抗震性能。

鉴于此,本章仅对含再结晶层定向凝固高温合金叶片疲劳断裂的特点及提高定向凝固高温合金叶片抗力的技术措施进行简要的介绍。

9.1 含再结晶层定向凝固高温合金叶片的疲劳断口

定向凝固高温合金疲劳裂纹断口与其他合金疲劳断口一样,具有典型的三区特征,即疲劳源区、疲劳扩展区和瞬断区[5,6]。疲劳源区与疲劳扩展区按其形成机理和特征的不同可分为两个阶段。

第一阶段是指疲劳裂纹萌生阶段和疲劳裂纹扩展的初期阶段。在交变应力作用下试样表面产生滑移挤出、挤入,裂纹沿滑移带的主滑移面萌生并向金属内部扩展。对于定向凝固高温合金,裂纹有时也易于沿表面纵向晶界的横断面或位于表面附近的碳化物与基体界面形成。滑移带中的主滑移面的取向与应力轴大致成45°,这时疲劳裂纹的扩展主要是切向应力的作用。对于体心立方或密排六方金属材料而言,这一阶段扩展的深度较浅,加之这一阶段扩展较慢,断面之间相互摩擦等原因,使得这一区域的断裂特征难以分辨。对于面心立方材料,如镍基高温合金尤其是不存在表面再结晶的定向凝固镍基高温合金,由于其晶粒远大于普通铸造合金,这一阶段发展得特别充分,通常具有两种较为典型的断裂特征。

(1)类解理断裂小平面,裂纹严格地沿着晶粒内的{110}滑移面扩展。当其与晶界相遇时,稍微改变方向,显示出平坦、光滑和强的反光能力等特征。在大多数普通铸造镍基高温合金和定向凝固高温合金中均发现过这种典型断口特征。

(2)平行锯齿状断面,即裂纹沿着两组互不平行的{110}滑移面扩展,裂纹扩展的方向平行于两组{110}面的交线,即<110>方向。

疲劳裂纹扩展按第一阶段的方式扩展一定距离后,将改变方向,沿着与正应力相垂直的方向扩展,此时正应力对裂纹的扩展产生重大影响。这是疲劳裂纹扩展的第二阶段,其最重要的显微特征是疲劳条带。

当定向凝固高温合金叶片含再结晶层后,定向凝固高温合金叶片断口上虽均可见三个明显不同的典型特征区域,即疲劳源区、疲劳裂纹扩展区和瞬断区(含裂纹断口的人工打断区),见图9-1,但其中疲劳源区与不含再结晶的叶片断口发生很大改变,二者的主要区别见表9-1。

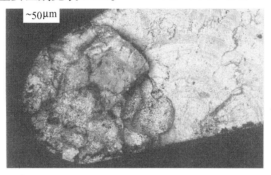

图9-1　起源于叶片排气边的疲劳断口

表9-1　叶片断口疲劳源区特征比较

无再结晶的定向凝固高温合金叶片	含再结晶的定向凝固高温合金叶片
断面与应力轴大致成45°	断面与应力轴垂直
类解理断裂小平面断裂特征	沿晶断裂特征
颜色浅	颜色发黑
疲劳条带向叶片的另一侧扩展	疲劳条带向各个方向扩展

但当再结晶层较薄时,则可能在沿晶断裂区后方的基体中仍出现与应力轴大致成45°的类解理断裂小平面。

沿晶断裂区断面粗糙,呈黑色,粗糙区内的疲劳条带一般不连续,在粗糙区与疲劳扩展区边界处疲劳条带向不同方向扩展,见图9-2;疲劳扩展区平坦光滑,以沿晶断裂区边界为源呈多源扩展,其内可见典型的、呈放射状扩展的疲劳条带;瞬断区断面呈银灰色且较粗糙。

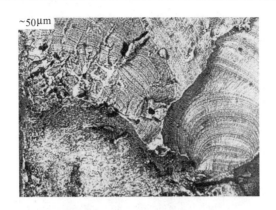

图 9 - 2　疲劳条带向不同方向扩展

（以沿晶特征区边界为源呈多源、放射状扩展扩展）

　　沿晶断裂区既不同于疲劳扩展区，也不同于瞬断区，且与疲劳扩展区有极其明显的界面，疲劳裂纹在沿晶断裂特征区与扩展区内的扩展往往不在一个平面内，有的甚至形成凸台。沿晶断裂区与疲劳扩展区的主要区别见表 9 - 2。

表 9 - 2　沿晶断裂区与疲劳扩展区的主要区别

沿晶断裂区	疲劳扩展区
断面粗糙	断面平坦
塑性损伤为主	弹性损伤为主
沿晶为主，并有韧窝、枝晶间、疲劳的混合断裂特征	典型低循环疲劳断裂特征
疲劳条带向各个方向扩展	疲劳条带向叶片的另一侧扩展
氧含量很高	氧含量较高

9.2　含再结晶层定向凝固高温合金叶片的疲劳裂纹萌生

　　如不存在预先的宏观缺陷，定向凝固高温合金中的裂纹极易在表面纵向晶界的横断面或表面附近的碳化物与基体的界面形成，裂纹以沿晶间穿枝干的方式向内扩展[3]。

　　定向凝固高温合金的碳化物对裂纹扩展的影响较大，若合金中的初生碳化物在固溶处理过程中不能分解为 M_6C，则粗大的碳化物由于本身硬度高，塑性差，易于在与基体的界面上引起应力集中而开裂。

　　如定向凝固高温合金叶片表面存在再结晶，疲劳裂纹易于在再结晶层内的晶界或再结晶层与基体材料的界面开始萌生。再结晶层的破坏基本上都是从内部开始,尤其是表面再结晶层与基体材料的界面处应力较大,易发生早期损伤并萌生裂纹,见图9-3和图9-4。再结晶层较薄时,可在再结晶层的多处晶界界面同时出现起裂破坏。

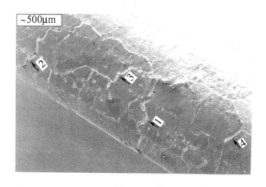

图9-3 起源于再结晶晶界的疲劳裂纹

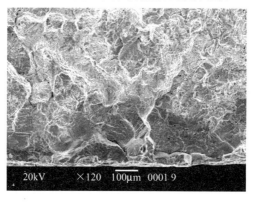

图9-4 起源于再结晶层与基体界面的疲劳断裂

含表面再结晶层的定向凝固高温合金叶片的早期损伤与裂纹萌生发生在再结晶区内或再结晶与基体的界面处,并首先向叶片表面扩展,并在较短时间内使再结晶区破坏;再结晶区的形状对叶片的损伤发展模式起着至关重要的作用,对于特定的再结晶区形状,叶片基体材料的裂纹萌生基本不受再结晶区裂纹萌生与扩展途径的影响,但大部分情况下,叶片基体材料将在再结晶区破坏后所形成的最大应力集中处萌生疲劳裂纹并扩展。

再结晶的存在促使疲劳裂纹早期萌生的基本原因可归结如下:

(1)再结晶区往往产生于叶片的进气边和排气边,而这恰恰是叶片在力学上容易出现疲劳开裂的位置。

(2)再结晶层与基体的定向柱晶的弹性模量不协调可使应力及其界面应力增加35%以上,这是导致疲劳裂纹萌生的主要力学因素。

（3）再结晶层的存在导致了垂直于应力轴的宏观晶界,且这些再结晶的晶界由于缺乏晶界强化元素而导致蠕变和疲劳抗力急剧下降,这是导致叶片疲劳裂纹萌生的主要材料抗力因素[7-10]。

9.3　含再结晶层定向凝固高温合金叶片的疲劳裂纹扩展

疲劳裂纹在再结晶层内部或再结晶层与基体界面上萌生后,裂纹以沿枝晶间穿枝干的形式向内扩展。这是由于定向凝固高温合金消除了宏观的横向晶界,纵向晶界平行于应力轴,裂纹扩展方向与应力轴垂直,故在一般情况下,长距离的沿晶扩展不大可能。但在叶片断裂过程中,当裂纹沿垂直应力轴方向扩展一段距离后,由于叶片不可避免地存在扭转振动,因而发生沿纵向晶界的断裂,地面燃气轮机定向凝固叶片的断裂中经常发生纵向晶界断裂的方式。因此,疲劳裂纹由再结晶层扩展至定向凝固高温合金基体后,其扩展的快慢主要受定向凝固高温合金显微组织的影响。一般来说,影响定向凝固高温合金裂纹扩展的主要因素有:枝晶间距以及碳化物形态与分布。

关于显微组织对裂纹扩展的影响,如碳化物的影响,以往的研究多集中在钢铁材料研究上,钢铁材料的碳化物主要是 Fe_3C 型,研究表明,细小、圆滑、均匀分布的碳化物对裂纹扩展的阻碍效果较好,这是因为细小均布的碳化物有较强的弥散强化作用,可使材料的变形抗力增大,从而使裂纹扩展速率减慢。对于定向凝固高温合金,碳化物一般为铸态下初生的 MC 型碳化物以及固溶时效态后次生的 M_6C、$M_{23}C_6$ 型化合物。一般来说,由于顺序凝固工艺的影响,初生碳化物尺寸一般较粗大,同时硬度较高、塑性较差,在外力的作用下自身会发生开裂或在与基体的界面处发生开裂,也就是说初生碳化物可使疲劳裂纹加速扩展。初生碳化物在固溶过程中的重新析出有利于改变外力作用下碳化物开裂的倾向。次生的 M_6C、$M_{23}C_6$ 型通过热处理工艺,可呈颗粒状或针状分布,一般来说,晶内分布的次生碳化物对疲劳裂纹的阻碍作用要高于晶界。

枝晶间距对定向凝固高温合金疲劳裂纹扩展的影响,主要表现在扩展路径的影响上。枝晶间距小,疲劳裂纹扩展时,就必须穿过较多与应力轴相互平行的、强度较高的枝干区才能继续扩展,所以小的枝晶间距可以减缓裂纹扩展的速度,延长扩展阶段的寿命。但另一方面,由于定向凝固高温合金叶片工作温度较高,叶片的蠕变变形不可忽视,枝晶间距小,晶界面积相对较多,高温蠕变性能会有所弱化。因此从裂纹扩展抗力和蠕变抗力两方面考虑,定向凝固高温合金叶片的枝晶间距应控制在一定的范围内。

9.4　含再结晶层定向凝固高温合金叶片断裂的实例分析

9.4.1　叶片叶身裂纹和断裂故障的特点

1999 年 8 月至 2002 年 9 月,某系列发动机共发生近二十起 DZ4 合金Ⅱ级涡轮叶片叶身裂纹和断裂故障,其中排气边、进气边约各占一半。对典型故障叶片系统分析后,发现其失效特征主要有如下特点:

(1) 失效从叶片进气边或排气边起始,起始位置距榫头底部 40～100mm,裂纹和断面附近一般可见多条裂纹,图 9 – 5 给出了一些叶片上的裂纹分布规律。

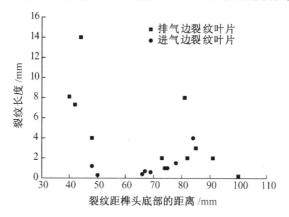

图 9 – 5　定向凝固 DZ4 涡轮叶片上的裂纹分布图

(2) 叶片的服役时间一般在首翻期内 200～280h(裂纹一般位于排气边),或大修后 150h 左右(裂纹一般位于进气边)。

(3) 断口特征基本相同,均为以发动机低循环为主的高、低周复合疲劳断裂。

(4) 断口上均可见三个明显不同的典型特征区域,即黑色粗糙区、疲劳裂纹扩展区和瞬断区(含裂纹断口的人工打断区);其中起源于叶片排气边的黑色粗糙区断面粗糙,呈黑色,主要为沿晶断裂特征,粗糙区内的疲劳条带一般不连续,在粗糙区与疲劳扩展区边界处疲劳条带向不同方向扩展;疲劳扩展区平坦光滑,以黑色粗糙区边界为源呈多源扩展,其内可见典型的、呈放射状扩展的疲劳条带;瞬断区断面呈银灰色且较粗糙;起源于叶片进气边的黑色粗糙区断面具有典型的沿晶特征,其他特征没有起源于叶片排气边的黑色粗糙区断面典型。

(5) 黑色粗糙区既不同于疲劳扩展区,也不同于瞬断区,且与疲劳扩展区有极其明显的界面,疲劳裂纹在粗糙区与扩展区内的扩展往往不在一个平面内,有的甚至形成凸台。黑色粗糙区与疲劳扩展区的主要区别符合表9-2的特点。

（6）叶片断口的瞬断区较大，疲劳区一般仅为12%～20%。

（7）黑色粗糙区的金相组织为再结晶组织，其尺寸与再结晶区尺寸吻合。发生在首翻期的叶片排气边裂纹或断裂再结晶区范围较小，但深度却高达0.8mm以上；而发生在大修后的叶片进气边裂纹或断裂的再结晶区范围较大，表面宽度一般在0.5mm左右深度一般在0.2mm左右。

近两年来，其他牌号的定向凝固高温合金和单晶高温合金在先进发动机试车中也陆续出现了由再铸层等轴晶和再结晶引发的裂纹及其断裂故障。

9.4.2　定向凝固高温合金叶片的再结晶模拟

为分析验证DZ4合金Ⅱ级涡轮叶片叶身裂纹源区沿晶特征是否与再结晶有关，对DZ4叶片进行了机械预损伤后的再结晶模拟。对铸造后未进行加工的叶片施加明显的弯曲和扭转预损伤，1220℃保温2h后，在上述叶片上截取金相试样进行分析（制样方向见图9-6）。

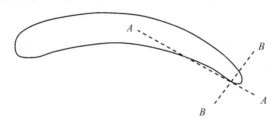

图9-6　预变形叶片上金相试样截取位置

研究结果表明，沿A—A方向，弯曲叶片的表面有再结晶发生，且越靠近表面，再结晶越明显；扭转叶片在靠近表面较薄的区域内也发生了明显的再结晶。

沿B—B方向，弯曲叶片排气边的叶背和叶盆两侧均发生了明显的再结晶，叶背面再结晶程度比叶盆面稍大，两侧的再结晶厚度之和已超过该处叶片总厚度的1/3。扭转叶片排气边的整个截面内，基本上都有再结晶（见图9-7）。

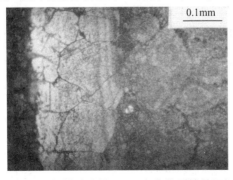

图9-7　扭转叶片沿B—B方向的再结晶组织

9.4.3 叶片再结晶形成过程及原因分析

根据 DZ4 合金叶片失效的主要特点可知,失效的重要因素之一是叶片表面再结晶区的存在。

根据第 2 章中的介绍,定向凝固高温合金的再结晶温度在 γ' 溶解温度附近,即 1100℃左右,而 DZ4 合金 II 级涡轮叶片的最高使用温度不超过 850℃,同时,在工程中发现部分未装机新叶片的进气边或排气边也存在再结晶。因此,可以排除叶片进气边或排气边在使用过程中发生再结晶的可能。

定向凝固高温合金在细观上属各向异性材料,屈服应力范围较宽,表现为屈服强度 $\sigma_{0.01}$ 远低于 $\sigma_{0.2}$。而定向凝固叶片在固溶热处理之前,经历了吹砂、抛光和校形等工序,若不严加控制变形量,叶片进气边或排气边则易承受较大的冷变形,出现变形量较大的塑性区,之后在进行高温固溶处理过程中,叶片进气边或排气边的塑性区则可形成再结晶组织。

对 DZ22、DZ125 以及 DZ125L 等国内外一些定向凝固高温合金吹砂或振动抛光并进行 1220℃/2h 左右的热处理,发现这些合金会形成几十或近百微米的再结晶层,这表明定向凝固叶片在生产制造过程中,如不严格控制变形量,在高温固溶处理中叶片表面可发生再结晶[8-10]。

工艺分析认为,排气边较深的再结晶可能是铸造叶片中出现的铸造"雀斑"或等轴晶粒(其弹性模量较正常组织高约 30%)在加工或校形过程中承力较大而发生局部塑性损伤,这些局部损伤区在随后的固溶处理中发生了再结晶。同时,也存在早期校形工艺不规范造成少数叶片发生塑性损伤而在高温处理时再结晶的可能性。

9.4.4 叶片细节结构设计分析

对于故障叶片来说,除考虑再结晶的影响外,还应考虑工作中叶片的受力情况。叶冠与外环的摩擦状况、叶冠之间的配合情况等都会影响并改变叶片的受力状态,因此需对叶片的结构设计加以分析。

1. 叶冠与外环碰磨情况调查与分析

对 DZ4 合金 II 级涡轮叶片典型工作状态下的应力和变形进行分析,结果表明叶冠与外环可能的初始摩擦部位是叶背侧叶冠的边缘点。在使用过程中如叶冠与外环发生摩擦,则该边缘点留有摩擦痕迹。

对使用过的 DZ4 合金 II 级涡轮叶片的叶冠进行检查,发现含裂纹叶片和无裂纹叶片叶冠上的痕迹特征基本相同,同一叶片叶冠上不同部位的痕迹特征也基本一致,均为叶冠的加工痕迹,这表明叶片在使用过程中与外环之间并未发生碰磨。

2. 锯齿状叶冠的结构特点和工作中的变形分析

定向凝固 DZ4 合金叶片采用锯齿冠结构在国内尚属首次,该结构在装配时叶冠工作面一般呈接触状态,非工作面之间存在间隙。

涡轮叶片工作时,锯齿冠之间的紧度和间隙会发生变化。而叶冠之间由于相互挤压和相互滑移会发生弹塑性变形。

紧度是锯齿冠叶片设计的一个重要因素。若叶冠紧度过大,一方面叶片负荷将会增加,另一方面也会因叶冠间相互滑移不充分而达不到预期的减振效果;紧度过小,因紧度不够也不能起到明显的减振效果。在工作温度下,涡轮盘和涡轮叶片受热后发生变形伸长,导致叶冠工作面紧度的反向变化,为达到设计效果,需通过装配时预扭叶片使叶冠之间带有一定的紧度。装配时的预扭角与工作面周向角、典型状态下所要求的工作面紧度和非工作面间隙有关。

3. DZ4 合金 Ⅱ 级涡轮叶片叶冠结构及工作中的变形协调性分析

DZ4 合金 Ⅱ 级涡轮叶片的锯齿叶冠采取了大周向角的设计方案,周向角设计值为 64°50′,装配时叶冠相关尺寸的控制参数为:预扭角为 56′56″ ~ 1°31′55″,工作面紧度为 0.244 ~ 0.384mm,非工作面间隙为 − 0.155 ~ 1.179mm。

对 DZ4 合金 Ⅱ 级涡轮叶片典型工作温度下叶冠工作面和非工作面的配合情况进行分析,结果表明工作温度下叶冠工作面周向过盈和扭转角均比装配时有所减小。总体上看,DZ4 合金 Ⅱ 级涡轮叶片的叶冠之间在工作状态下不存在会导致严重后果的变形协调问题,但由于叶片周向角设计过大,叶冠表面存在的负间隙会导致叶冠自适应变形能力变差。叶片在弦宽和装配等环节控制不当时,在工作过程中尤其是发动机启动时,因为涡轮转子径向伸长滞后于叶冠周向膨胀从而使叶片之间存在严重的过盈,此时的变形不协调将直接导致叶冠之间产生非正常的较大挤压应力。

4. DZ4 合金 Ⅱ 级涡轮叶片的叶冠在实际使用过程中存在一定的变形不协调

外场使用的 DZ4 合金 Ⅱ 级涡轮叶片的检查结果表明,叶冠之间存在一定的变形不协调。例如对 3 台正常返修的工作200h 的发动机涡轮组件进行检查时发现叶片之间存在严重的错边、间距不均匀等现象,见图9 – 8。这种叶冠之间相互配合的不均匀必然会导致部分叶片叶冠承受高于一般水平的挤压应力。

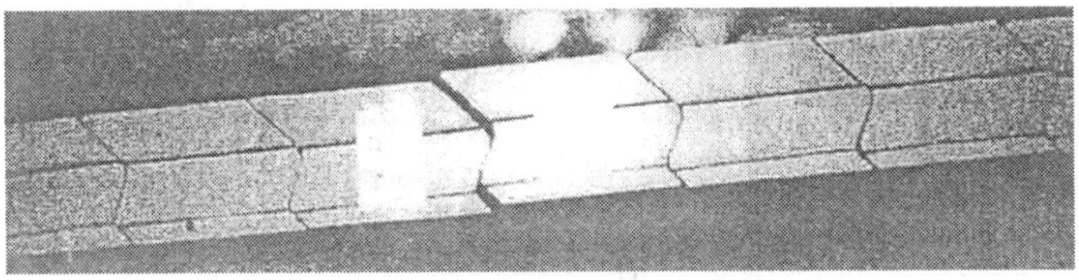

图9 – 8　装配状态下叶冠之间不均匀的间隙

9.4.5 瞬断区大的影响因素分析

　　DZ4 合金 II 级涡轮叶片裂纹的疲劳区面积占断口总面积的比例低于 20%，临界裂纹长度仅占叶片宽度的 20% 左右(约 9 ~ 11mm)。与其他合金叶片的疲劳断裂相比，其疲劳裂纹临界长度较短，疲劳区面积较小。由于 DZ4 合金 II 级涡轮叶片采用了新材料、新工艺和新结构，其瞬断区太大应予充分重视。

　　根据断裂韧度关系式：

$$K_{IC} = Y\sigma_c \sqrt{\pi a_c} \qquad\qquad (9-1)$$

$$a_c = K_{IC}^2 / (\pi Y^2 \sigma_c^2) \qquad\qquad (9-2)$$

式中：a_c 为临界裂纹长度；σ_c 为断裂时的临界应力；K_{IC} 为断裂韧度；Y 为形状因子。

　　对叶片的一定截面，Y 可近似看作常数，因此，a_c 为 σ_c 和 K_{IC} 的函数。排气边和进气边在正常情况下的应力分别为 60MPa 和 120MPa 左右。瞬断发生在存在一宏观裂纹的情况下，应力情况将发生变化。对 DZ4 合金和 K417 合金 II 级涡轮叶片在排气边分别预制长度为 3mm 和 8mm 裂纹后的应力进行了三维有限元计算，计算结果表明，对于 DZ4 合金，预制裂纹长度 L 为 3mm 时，叶片最大当量应力值在叶片叶背弦向中部，为 491.64MPa，此时裂纹对叶片的应力水平和分布基本没有影响。当预制裂纹长度 L 为 8mm 时，线弹性计算此时叶片最大当量应力值为 1271.6MPa，弹塑性计算得到的叶片最大当量应力值为 835.59MPa。由于 K417 合金的屈服应力低于 DZ4 合金，K417 合金 II 级涡轮叶片在同样条件下计算出的叶片最大当量应力值较 DZ4 合金叶片略小一些，但应力变化趋势大致相同，从而可以看出力学因素在排气边裂纹长约 8mm 后发生瞬断时所起的作用。

　　对于进气边，正常情况下所受应力约是排气边的两倍。同样，存在一宏观裂纹后，应力也会发生变化。

　　DZ4 合金在塑性指标要求上与国内的 DZ22、DZ125 等一些合金基本相同，其实测值基本处于中等水平。在实际应用中，也发现一些情况下 DZ4 合金拉伸塑性较低，因此应改善 DZ4 合金的拉伸塑性和断裂韧度，提高其裂纹扩展抗力。

9.4.6 再结晶对定向凝固高温合金叶片疲劳寿命的影响

　　针对 DZ4 合金涡轮叶片出现的一些裂纹，其中所观察的叶片排气边断裂源区均为较深的沿晶断裂区。考虑到叶片进气边裂纹情况较为复杂，这里仅从排气边裂纹叶片的定量计算中看再结晶对该合金高温低周疲劳寿命的影响。

　　我们用紧凑拉伸试样测定了室温下 DZ4 合金纵向和横向的裂纹扩展速率，室温下垂直于横向晶界的裂纹扩展速率表达式为 $da/dN = 6.4094 \times 10^{-16} \cdot$

$(\Delta K)^{7.2683}$。DZ4 合金在使用温度(约 827℃)下的裂纹扩展速率尚未测定,但根据北京航空材料研究院谢济洲研究员用非标准试样进行的测试结果表明,DZ4 合金在 760℃,$R = 0.1$,频率为每分钟 20 次($f = 3.3 \times 10^{-1}$ Hz)时的裂纹扩展速率为 $\mathrm{d}a/\mathrm{d}N = 3.87 \times 10^{-16} \cdot (\Delta K)^{8}$。

根据实际叶片断口疲劳源区附近的疲劳条带间距,可大致估计排气边的疲劳应力。根据距源区 1.5mm 处的疲劳条带宽度 s,可用 Paris 公式求出导致疲劳裂纹扩展的应力[11]:

$$s = \frac{\mathrm{d}a}{\mathrm{d}N} = c(\Delta K)^{m} = c(\Delta\sigma Y\sqrt{a})^{m} \qquad (9-3)$$

式中:c,m 为材料常数,则

$$\Delta\sigma = \frac{\sqrt[m]{\dfrac{s}{c}}}{Y\sqrt{a}} \qquad (9-4)$$

实际断口上 $a = 1.5$mm 时的裂纹扩展条带间距为 2μm,可求出对应的疲劳应力为 $\Delta\sigma = 378$MPa。由于叶片的疲劳扩展属低周疲劳,即 $R \approx 0$,则导致疲劳扩展的最大应力 $\sigma_{\max} = 378$MPa。上述计算的误差主要来自两方面,即裂纹尖端的应力强度因子和条带间距测量。就条带间距误差给计算带来的误差为 $(\Delta s/s)/m$。

假定 $\Delta\sigma$ 和 Y 为常数,Y 为形状因子,$Y \approx 1.1\pi^{1/2}$。裂纹叶片的扩展循环数 N_{f} 可估算如下:

$$N_{\mathrm{f}} = \int_{a_0}^{a} \frac{\mathrm{d}a}{c(\Delta\sigma Y\sqrt{a})^{m}} = \frac{1}{c(\Delta\sigma Y)^{m}} \int_{a_0}^{a} a^{-\frac{m}{2}}\mathrm{d}a \qquad (9-5)$$

式中:a 为裂纹长度(mm);a_0 为沿晶特征区尺寸(mm)。将具体值代入,可求出几个在第一寿命期出现排气边裂纹或断裂的叶片扩展寿命,见表 9-3。

表 9-3　排气边裂纹扩展寿命估算值

使用时间 /h	裂纹长度 a /mm	黑色区尺寸 a_0 /mm	扩展寿命 N_{f}	裂纹 3mm 的扩展循环数	使用循环数 N_{s}	$N_{\mathrm{f}}/N_{\mathrm{s}}$
214	2.4	1.26	415	450	610	69%
284	8.7	1.2	560	525	810	70%
251	7	1.2	558	525	715	78%
187	3.0	1.2	525	525	561	93%
注:使用循环数为按 100h 相当于 285 次循环计算的值						

可以看出,叶片裂纹从叶片排气边再结晶边缘扩展到裂纹长度时的扩展寿命占总循环数的 69% ~ 93%,即 0.8 ~ 1.2mm 结晶区完全成为裂纹仅占寿命的

7% ~ 31%。也就是说,这几个叶片约在使用 70h 后均在排气边就存在一个与再结晶尺寸相当的裂纹。应当强调,如果没有预先损伤或别的宏观缺陷,叶片一般不会发生低周疲劳失效。

上述计算尚未考虑以发动机起动次数为循环而存在的蠕变问题,以发动机起动次数为循环,则实际上的频率大约每分钟为 1/20 次(即每 100h 对应 270 ~ 300 次起动,含地面起动,f 为 1.2×10^{-3} Hz 数量级),比试验条件下的频率低近三个数量级。由于叶片在工作温度(827℃)下,必然存在一定的蠕变作用,使疲劳条带间距加大。如 GH169 合金,热机械疲劳试验(400℃↔990℃),频率由 $f = 1$Hz 变为 $f = 8 \times 10^{-3}$ Hz 时,其疲劳裂纹条带间距增大一个数量级。因此实际叶片的疲劳寿命比计算值更低。

从以上计算可以看出,再结晶层达到一定深度后,其作用与存在等长的裂纹相当。

9.4.7 定向凝固高温合金叶片裂纹与断裂失效的基本模式与原因

DZ4 合金 II 级涡轮叶片叶身出现的裂纹故障与断裂故障的源区均较粗糙,均可见沿晶断裂特征,而源区的组织均为再结晶组织,且再结晶范围与粗糙区相对应,再结晶晶粒尺寸与粗糙区沿晶断裂的晶粒尺寸也很一致,因此叶片出现的裂纹故障与疲劳断裂故障应为同一失效模式。黑色粗糙区与疲劳扩展区有极其明显的界面,疲劳裂纹易从粗糙区或粗糙区与扩展区的界面处萌生,在粗糙区内疲劳裂纹向各个方向扩展,而在扩展区内疲劳裂纹向叶片的另一侧扩展,因此定向凝固叶片叶身裂纹与断裂失效的基本模式如下:定向凝固叶片进气边或排气边存在再结晶组织时,由于再结晶层的承载能力低,且再结晶区的力学性能、弹性模量等与基体有很大的差异,当叶片细节结构设计存在一定问题时,叶片承载时变形不协调使定向凝固叶片的再结晶区与基体界面处产生很大的应力集中,再加上服役过程中温度和应力联合作用,从而使叶片在服役条件下发生以发动机低循环为主的疲劳开裂;再结晶区的晶界在高温疲劳过程中不断氧化,从而在疲劳源区附近形成与再结晶尺寸大致相当的沿晶断裂特征区域(即所谓的"黑色粗糙区")。

9.5 改善定向凝固高温合金叶片疲劳抗力的技术措施

预防定向凝固高温合金叶片发生表面再结晶的技术措施及其评定方法在第 10 章有专门的介绍。但从叶片使用的工程角度考虑,也可采取对叶片进行细节设计改进以减小应力,同时综合改善定向凝固叶片材料的疲劳抗力尤其是断裂损伤容限,以提高含较薄再结晶层的定向凝固叶片的疲劳抗力。

考虑到目前定向凝固高温合金和单晶高温合金研制中有一定的过分追求拉伸强度和高温持久强度而对工艺性和材料塑性有一定忽视的倾向,应在满足材料强度的条件下,提高合金的工艺性和塑性。

9.5.1 改善合金纯净度

高温合金中的杂质元素严重降低合金的拉伸、蠕变、持久、疲劳、抗氧化、抗腐蚀、热加工和焊接性能。高温合金中的有害元素约有 33 种,根据杂质元素对高温合金的影响,将其归为三类:

（1）影响晶界和表面性能的杂质,表现为高温持久性能和所有温度下延展性能的降低,例如 Bi、Te、Se、Pb、Tl 等杂质元素。

（2）形成低熔点相的杂质如 Si 和 Mn。在焊接时由于热脆并改变了强化相沉淀的动力学而产生开裂。

（3）形成有害质点、夹杂物或微气孔的杂质,例如元素 O、Ar、N 降低了合金的疲劳寿命和高温持久延伸性能。

控制和去除高温合金中杂质的主要途径有以下几种:

（1）严格控制原材料,包括返回料的使用;

（2）对变形高温合金和粉末冶金高温合金采用电渣重熔和雾化提纯;

（3）对高温合金零件可以采用热等静压焊合微气孔,以及采用氢气热处理以去除表面附近的 S;

（4）对真空或氩气容器的底部吹气沸腾处理,以降低合金中的气体含量;

（5）真空感应熔炼和精炼以及浇注过程中采用陶瓷过滤。

近年来,国内在对 DZ4、DZ22 等合金应用研究中进行了原材料的精选和标准化工作,普遍采用了合金熔炼浇注中的比重挡渣和不同 PPI 的陶瓷过滤效果,采取这些措施后,可以明显提高定向凝固高温合金的纯净度。目前,国内生产的 DZ4、DZ22 等合金的杂质元素含量已达到国际相应的技术标准要求,合金中的 O、N 含量达到低于 5×10^{-6}、S 含量低于 10×10^{-6} 的先进水平。

9.5.2 控制合金固溶处理冷却速率

针对 DZ4 合金在工程应用中出现的再结晶故障,考虑到 DZ4 合金的强度储备很大,为提高疲劳损伤容限,减小表面再结晶层的存在对疲劳损伤的影响,因此可以通过调整固溶热处理的冷速来控制 γ' 粒子的尺寸,从而达到调节 DZ4 合金的强度和塑性的目的,以提高材料的损伤容限。

1. γ' 粒子尺寸对拉伸性能的影响

γ' 粒子尺寸对 DZ4 合金 900℃ 拉伸性能的影响,见图 9 - 9。可以看出,随着 γ'

粒子尺寸的增加,断裂强度 σ_b 降低,而 δ_5 和 ψ 几乎呈直线增加。这表明,可以通过改变 γ' 粒子尺寸来调节合金的强度和塑性。当 DZ4 合金的 γ' 粒子尺寸从 $0.25\mu m$ 增加到 $0.6\mu m$,合金的 σ_b 降低了 $50\sim60$MPa,而 δ_5 和 ψ 提高了约 14%。

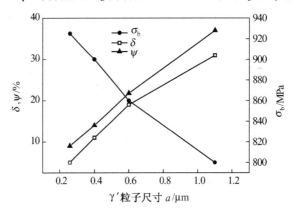

图 9-9　γ' 粒子尺寸与 DZ4 合金 900℃拉伸性能的关系曲线

2. γ' 粒子尺寸对蠕变性能的影响

[001]取向的 DZ4 合金中 γ' 粒子尺寸 a 与蠕变断裂时间的关系见图 9-10。可以看出,在 760℃和 950℃下,a 在 $0.25\sim1.1\mu m$ 范围内变化时,a 越小,合金的抗蠕变性能越好。随着 γ' 粒子尺寸增大,合金的抗蠕变性能逐渐降低。

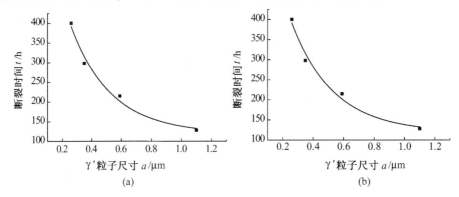

(a)　　　　　　　　　　　　　(b)

图 9-10　γ' 粒子尺寸对 DZ4 合金蠕变断裂性能的影响曲线

(a) γ' 粒子尺寸对 DZ4 合金 760℃/724MPa 蠕变断裂性能的影响;

(b) γ' 粒子尺寸对 DZ4 合金 950℃/235MPa 蠕变断裂性能的影响。

3. γ' 粒子尺寸的控制

为控制 γ' 粒子的尺寸,必须控制两个温度之间的冷却速率,上限温度是固溶温度,下限温度是实际生产过程中 γ' 粒子发生粗化的临界温度,即低于该温度 γ' 粒子将不会在短时间内粗化。对于 DZ4 合金来说,下限温度是 1050℃。研究发现,

DZ4 合金固溶后在 1220～1050℃ 以 50℃/min 的速率冷却,可以获得极其良好的蠕变和拉伸综合性能。DZ4 合金 γ′ 粒子尺寸和冷却速率的关系曲线见图 9-11。

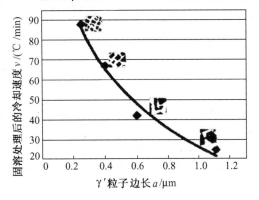

图 9-11　DZ4 合金固溶处理后 1220～1050℃ 的冷却速率对 γ′ 粒子尺寸的影响

通过控制一定温度区间范围内的冷却速率,在保证满足强度的前提下将合金的塑性提高到一个新的水平,DZ4 合金的拉伸塑性 δ_5 基本稳定地保持在 10% 以上。与铸造高温合金中塑性较好的代表合金 K417 相比,改善之前的 DZ4 合金所有温度下的拉伸塑性都低于 K417 合金,而改善之后,几乎所有温度下 DZ4 合金的 δ_5 均高于 K417 合金,同时抗拉强度 σ_b 也高于 K417 合金,见图 9-12。同时 DZ4

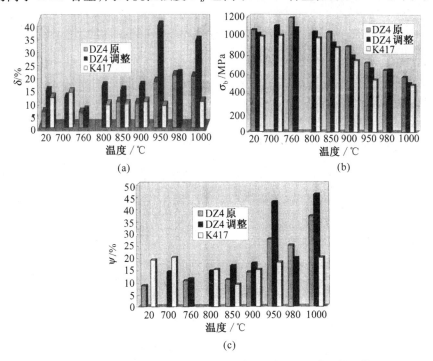

图 9-12　DZ4 合金拉伸性能的改善以及与 K417 合金的比较

合金在 700℃、760℃和 800℃温度下纵向持久延伸率（均大于 10%）和断面收缩率，尤其是 800℃时，断面收缩率达到 19.3% ~28.2%，性能得到了综合改善。

采用紧凑拉伸试样测定了 DZ4 合金室温横向和纵向断裂韧度，室温下 DZ4 合金横向与纵向断裂韧度分别为 61MPa · $m^{1/2}$和 57 MPa · $m^{1/2}$，达到了很高的水平。

参考文献

[1] 《金属机械性能》编写组. 金属机械性能. 北京：机械工业出版社，1982.

[2] 谢济洲. 低周疲劳. 北京：能源出版社，1990.

[3] 陶春虎，钟培道，王仁智，等. 航空发动机转动部件的失效与预防. 北京：国防工业出版社，2000.

[4] 吴昌新，谢济洲，李其娟，等. 定向凝固高温合金低周疲劳性能的研究. 颜鸣皋. 铸造高温合金论文集. 北京：中国科学技术出版社，1993.

[5] 张栋，钟培道，陶春虎. 机械失效的实用分析. 北京：国防工业出版社，1997.

[6] 权义宽，张银东. 某新机二级涡轮叶片早期失效与 Al – Si 涂层的关系. 陶春虎，习年生，钟培道. 航空装备失效典型案例分析. 北京：国防工业出版社，1998

[7] 穆寿昌，王罗宝. DZ22 合金薄壁性能研究. 颜鸣皋. 铸造高温合金论文集. 北京：中国科学技术出版社，1993：84.

[8] 郑运荣，阮中慈，王顺才. DZ22 合金的表层再结晶及其对持久性能的影响. 金属学报，1995，31(Suppl)：325.

[9] 张宏伟，陈荣章. 表面再结晶对 DZ25G 合金薄壁性能的影响. 材料工程，1996，(Suppl)：98.

[10] 陈荣章. 铸造涡轮叶片制造和使用过程中的一个问题——表面再结晶. 航空制造工程，1990(4)：22.

[11] 陶春虎，习年生，张卫方. 断口反推疲劳应力的新进展. 航空材料学报，2000(3)：158.

[12] 陈南平，顾守仁，沈万慈. 脆断失效分析. 北京：机械工业出版社，1993.

第10章　定向凝固和单晶高温合金
再结晶的抑制方法

定向凝固和单晶高温合金涡轮叶片在铸造后的固溶处理过程中可能会发生再结晶。再结晶层的出现会破坏组织形态和稳定性,导致叶片力学性能显著下降。为了防止恶化性能的表面再结晶发生,在工程中已经采取了一些措施,如:调整生产工序,尽量避免高温热处理前可能引起表面塑性变形的操作;尽量降低叶片表面机械处理激烈程度等。但是,这些方法仍然避免不了由于表面轻度清理或意外磕碰所造成的塑性变形区域在随后的高温热处理过程中产生再结晶,因此,结合叶片的制造和使用条件,寻找一种更具包容性的再结晶抑制方法具有重要的意义。

从再结晶形成的基本条件出发,抑制定向凝固和单晶高温合金再结晶可以从以下几方面进行考虑:①在高温热处理之前减少或完全消除材料的塑性变形层;②采用合适的热处理制度释放材料的塑性变形储存能,减少再结晶驱动力;③在合金中生成难熔的第二相粒子,对再结晶晶界形成钉扎作用,阻碍再结晶进行,降低再结晶程度;④以牺牲合金部分性能为代价降低其固溶处理温度;⑤从材料的组织结构出发研究抑制再结晶的方法。

本章主要介绍近年来国内外对于定向凝固和单晶高温合金再结晶抑制方法方面的研究成果,包括预回复热处理、渗碳、涂层以及去除表面变形层等对再结晶的抑制作用,以及晶界强化元素对再结晶危害抑制作用。

10.1　预回复热处理对再结晶的抑制作用

变形储存能是合金发生再结晶的驱动力。因此,一些研究者试图通过在相对较低的温度下进行预回复热处理来释放变形储存能,减小再结晶驱动力,进而达到固溶热处理过程中抑制定向凝固和单晶高温合金再结晶的目的。

参考文献[1]利用喷丸试样和压缩试样研究了预回复热处理对单晶 SRR99 合金再结晶的抑制作用。喷丸试样和压缩试样分别在 900℃、1000℃ 和 1100℃ 进行 10h 预回复热处理,然后在 1300℃ 进行 2h 固溶处理。

预回复热处理对单晶 SRR99 合金喷丸试样再结晶的影响如图 10-1 所示。可以看出,900℃、1000℃ 和 1100℃ 下 10h 预回复热处理均不能完全抑制固溶处理过程中的再结晶,也不能显著降低再结晶层厚度。和未经预回复热处理的试样相比,

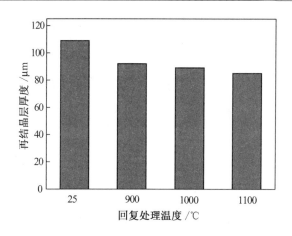

图 10 - 1　不同温度预回复热处理对固溶处理过程中再结晶的影响

经预回复热处理试样的再结晶层厚度仅仅减少了 16% ~22% 。随着回复热处理温度的升高,再结晶厚度逐渐下降。

　　回复热处理前和经过不同温度回复热处理后喷丸变形层的微观组织如图 10 - 2 所示。回复热处理前,喷丸变形层内 γ′相粒子主要以立方体形状弥散地分

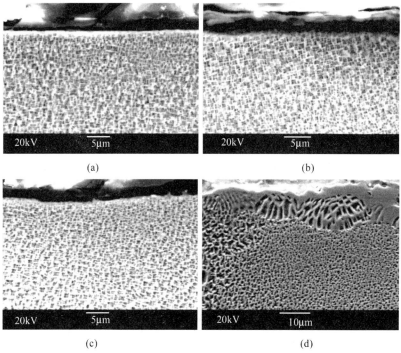

图 10 - 2　回复热处理前和不同温度回复热处理后喷丸变形层的微观组织

(a) 回复热处理前;(b) 900℃/10h 回复热处理;

(c) 1000℃/10h 回复热处理;(d) 1100℃/10h 回复热处理。

布在 γ 基体中(图 10 - 2(a))。经 900℃/10h 和 1000℃/10h 回复热处理后,喷丸变形层没有发生再结晶,变形层内的微观组织也未发生明显的变化(图 10 - 2(b)和图 10 - 2(c))。喷丸试样经 1100℃/10h 回复热处理后,喷丸变形层内可见到明显的胞状再结晶组织,再结晶晶胞在变形层内形核并呈扇形扩展,晶胞内含有大量粗大的条状 γ′ 相(图 10 - 2(d))。

喷丸试样经 1100℃/10h 预回复热处理以及 1300℃/2h 固溶处理后形成的再结晶组织如图 10 - 3 所示。可以看出,回复热处理过程中形成的胞状组织已经被完整的再结晶晶粒所替代,胞状组织内的粗大条状 γ′ 相也被均匀分布的细小立方状 γ′ 相所替代。由此可以推断,完整的再结晶晶粒是由胞状组织在固溶处理过程中继续长大而形成的。在固溶处理过程中,由于合金母体内的 γ′ 相几乎完全固溶,γ′ 相粒子对再结晶晶界的钉扎作用消失,胞状再结晶晶界可以继续向畸变区域迁移,直到所有超过临界变形程度的区域都被消耗掉。此外,随着温度升高,原子扩散能力增强,也会促进再结晶晶界继续推移,再结晶晶粒逐渐长大。在固溶处理过程中,胞状组织内的粗大条状 γ′ 相会发生溶解,再结晶晶粒和合金母体均由过饱和 γ 固溶体单相组成,在随后的冷却过程中,细小的立方状 γ′ 相粒子重新析出,弥散分布在 γ 基体中。胞状再结晶在固溶处理过程中的组织演变如图 10 - 4 所示。

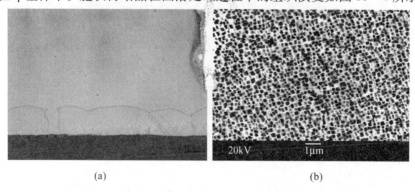

(a)　　　　　　　　　　　　　　　(b)

图 10 - 3　1100℃/10h 回复热处理以及 1300℃/2h 固溶处理后
形成的再结晶组织
(a) 低倍形貌;(b) 再结晶晶粒中 γ′ 相粒子。

4% 应变量的压缩试样经 900℃/10h 和 1000℃/10h 预回复热处理后,横截面上没有发现再结晶晶粒,经 1100℃/10h 预回复热处理后在试样的边缘产生了胞状再结晶组织,再结晶层厚度约为 10μm,如图 10 - 5 所示。经 900℃/10h 和 1000℃/10h 回复热处理的压缩试样经 1300℃/2h 固溶处理后,在横截面上均可以见到粗大的再结晶晶粒(图 10 - 6(a) 和图 10 - 6(b))。对经 1100℃/10h 回复热处理的压缩试样的边缘进行手工打磨,除去边缘的胞状再结晶层,然后进行 1300℃/2h 固溶处理。结果发

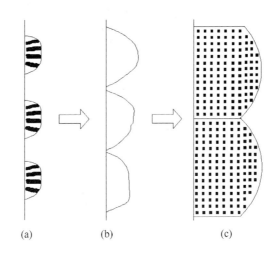

(a)　　　　　　　　(b)　　　　　　　　(c)

图 10 - 4　胞状再结晶晶粒在固溶处理过程中的组织演变

（a）回复热处理后的胞状再结晶晶粒；（b）胞状再结晶晶粒在固溶处理过程中继续生长；

（c）固溶处理后形成的完整再结晶晶粒。

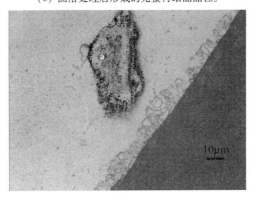

图 10 - 5　1100℃/10h 预回复热处理后压缩试样边缘的胞状再结晶组织

现,试样的横截面上还是出现了粗大的再结晶晶粒(图 10 - 6(c))。

　　变形金属在较高温度下进行热处理时,热激活过程增强,不仅空位浓度大为降低,位错也会具有足够的活动能力,克服金属变形结构对它的钉扎作用而作某种运动。这种运动表现为螺位错的滑移以及刃位错的滑移和攀移,其中刃位错的滑移和攀移起主要作用。回复过程中,异号位错相互吸引而对消,使位错密度降低,从而降低再结晶驱动力。因此,参考文献[1]的目的是通过在略低于再结晶的温度下进行预回复热处理来释放变形储存能,减小再结晶驱动力,进而达到固溶热处理过程中抑制再结晶的目的。但以上结果表明,900~1100℃温度范围内 10h 预回复热处理均不能显著降低再结晶驱动力。这主要与合金中存在大量弥散分布的 γ' 相粒子有关,900～1100℃温度范围内合金中的 γ′相几乎没有溶解,回复热处理过程中,大量 γ′相粒子的存在会对位错运动起钉扎作用,大量异号位错不能通过滑移和攀移进行对消,再结晶驱动力不能显著下降。900～1100℃温度范围内,随着热处理温度升高,热激活过程增强,位错迁移的能力增强,有助于位错密度降低,但由于 γ′相粒子对位错的钉扎作用比较明显,所以温度对回复程度的影响比较小,随着热处理温度升高,固溶处理过程中形成的再结晶厚度只是略有下降。

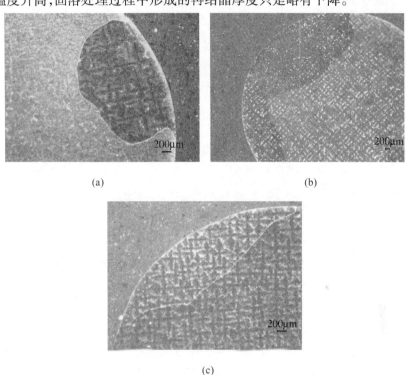

(a)　　　　　　　　　　　　　　　　(b)

(c)

图 10-6　经不同温度 10h 回复热处理以及 1300℃/2h 固溶处理后
各压缩试样横截面上的再结晶形貌
(a) 900℃；(b) 1000℃；(c) 1100℃。

图 10-7 所示为 4% 应变量的压缩试样在不同温度下经 10h 预回复热处理后的位错组态。回复温度为 900℃和 1000℃的试样中,γ/γ′界面上均存在明显的位错网络(图 10-7(a)、图 10-7(b))。回复温度为 1100℃的试样中,在局部区域可以见到由位错或位错网络构成的亚晶结构(图 10-7(c))。

在 900℃和 1000℃进行热处理时,γ′相没有溶解,大量 γ′相粒子的存在对位错迁移起钉扎作用。γ/γ′界面缠结的大量位错在热激活作用下只能进行简单的迁移和重排,少量异号位错相互对消,最后在 γ/γ′界面上形成比较规则的位错网络。在 1100℃进行热处理时,由于热激活作用增强,同时少量 γ′粒子发生溶解,

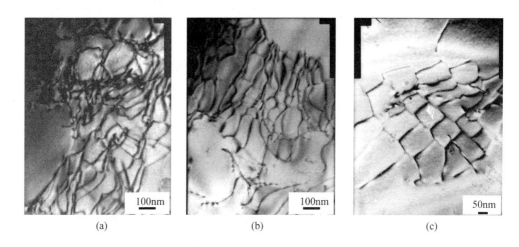

图 10 – 7　4% 应变量的压缩试样在不同温度下经 10h 预回复热处理后的位错组态
（a）900℃/10h 回复热处理；（b）1000℃/10h 回复热处理；（c）1100℃/10h 回复热处理。

位错运动和重排能力增强，γ/γ′界面处的位错网络更加规则，在局部区域形成亚晶结构。

　　关于回复热处理对于再结晶的影响，国外学者也进行了大量研究。Bond 等[2]探索了利用预回复热处理方法来抑制某种镍基单晶高温合金在固溶处理过程中发生再结晶的可能性。对压痕试样首先在 1200℃ 进行不同时间预回复热处理，然后进行 1300℃/15min 固溶处理。结果显示，在 1200℃ 保温 1h 以上的压痕试样都发生了胞状再结晶，经过 1300℃/15min 固溶处理后，所有试样均发生了再结晶。1200℃ 预回复热处理可以显著降低固溶处理后的再结晶厚度，但是难于完全抑制固溶处理过程中的再结晶。对压痕试样首先进行 1000℃/300h 预回复热处理，然后进行 1300℃/15min 固溶处理。结果显示，经过 1000℃/300h 预回复热处理后，压痕试样已经发生了胞状再结晶，经过 1300℃/15min 固溶处理后再结晶厚度没有明显的降低。对喷砂试样首先进行 1000℃/300h 预回复热处理，然后进行 1300℃/15min 固溶处理，再结晶厚度几乎没有明显变化。对喷砂试样首先进行 1200℃/30min 预回复热处理，然后进行 1300℃/15min 固溶处理，未发现再结晶。1200℃/30min 预回复热处理既可以避免喷砂试样胞状再结晶的发生，又可以显著降低变形存储能，避免喷砂试样在固溶处理过程中发生再结晶。

　　Bürgel[3] 等对经历 2% 塑性变形的 CMSX – 11B 镍基单晶合金试样进行了 10个 1000℃/30min↔1100℃/30min 循环热处理，然后进行 1204℃/1h 热处理以期释放变形储存能，但此时在试样表面已经有再结晶晶粒出现，在随后 1260℃/6h 固溶处理后试样仍然发生了完全再结晶。为了试图通过更高温度下更多热循坏来减少变形储存能,他们又对同样变形的试样进行了总共 100 多个热循环:50 个 950℃/5min↔1050℃/5min 循环 + 27 个 1050℃/5min↔1150℃/5min 循环 + 29 个 1150℃/5min↔1200℃/5min 循环,然后进行固溶处理,结果发现,试样还是全部再结晶。他们对单晶压缩试样进行长时间回复热处理后进行 TEM 观察发现,γ/γ' 界面上缠结的大量位错在回复热处理过程中没有显著减少,这些位错为固溶过程中的再结晶提供了足够的驱动力。

　　Kortovich 等人[4]利用预回复热处理方法来避免 PW1480 镍基单晶高温合金在固溶处理过程中发生再结晶,发现回复热处理温度及时间与试样表面变形程度有关。对不同喷丸强度的试样进行不同温度回复热处理,结果显示,若喷丸强度提高,相应的回复热处理温度也需提高。

　　根据以上研究可以得出这样的结论:单晶高温合金的回复热处理温度及其时间与试样表面变形程度有很大关系,随着变形程度增加,相应的回复热处理温度或时间就需要提高;要完全抑制固溶处理过程中再结晶的发生,必须找到合适的温度和时间,在避免回复热处理过程中发生胞状再结晶的同时使变形储存能得以显著降低。

10.2　渗碳对再结晶的抑制作用

　　碳化物对于定向凝固和单晶高温合金再结晶的影响在第 3 章中已经所有讨论。尽管碳化物对再结晶的影响还不十分明确,但国内外研究者已对采用渗碳方法来抑制再结晶进行了尝试性研究。

　　Mihalisin 等人[5]研究某种镍基单晶高温合金再结晶的抑制方法时发现,体系中较高的碳含量导致较多 Ta、Ti 等铸态碳化物的形成,在 1310℃ 热处理过程中,这些碳化物通过对再结晶晶界的钉扎,有效抑制了再结晶的发展。根据同样的原理,Corrigan 等人[6]利用在碳气氛下固溶,向合金中引入碳元素,在合金浅表层形成棒状碳化物,达到钉扎再结晶晶界、阻碍再结晶发展的效果。Bürgel 等人[4]研究碳化物对 CMSX-11B 镍基单晶合金再结晶的影响时却没能得到对再结晶有效抑制的结论。对比分析发现,前两位研究者所研究的对象中均含有较高的 Hf 或 Re,并强调了微量 Mg 和 B 元素的存在,而 CMSX-11B 镍基单晶合金中却不含 Re,Hf 的含量只有 0.04%,虽然加入的碳元素量(0.08 %)明显高于前两者研究对象中的含碳量,但合金中并没有形成高密度的棒状碳化物,更谈不上对再结晶晶界形成钉扎。

　　从上述研究结果分析可知,想要利用碳化物来抑制再结晶必须在试样表层形成高密度的碳化物,而合金中能够形成对再结晶晶界有效钉扎的高密度碳化物并不完全取决于碳元素的加入量。高密度碳化物的形成应与合金中其他元素,尤其是 Hf、Re 及 Mg、B 等元素的存在有着密切的关系。

10.3　涂层对再结晶的抑制作用

10.3.1　涂层对再结晶行为的影响

参考文献[1]利用喷丸预变形研究了涂层对单晶 SRR99 合金再结晶行为的影响。喷丸表面涂覆 NiCrAlYSi 涂层,部分涂层试样进行 1050℃/3h 真空扩散热处理。未经扩散处理的涂层试样、经过扩散处理的涂层试样以及没有涂层的喷丸试样同炉进行 1300℃/2h 固溶处理。

涂层试样金相组织如图 10-8 所示。涂层厚度约为 30μm,涂层组织比较致密,扩散热处理前,涂层与基体之间存在一个比较明显的界面(图 10-8(a)),1050℃/3h 扩散热处理后,涂层与基体之间的界面变得模糊,涂层与基体之间的结合更加紧密(图 10-8(b))。

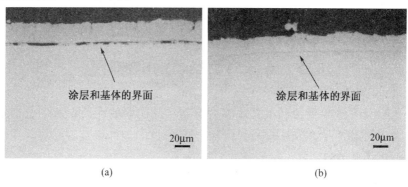

(a)　　　　　　　　　　　　　　　(b)

图 10-8　NiCrAlYSi 涂层的截面形貌
(a)扩散处理前;(b)扩散处理后。

涂层试样经 1050℃/3h 扩散处理后的组织形貌如图 10-9 所示。可以看出,经 1050℃/3h 扩散处理后,试样的喷丸变形层已经产生了胞状再结晶。这个结果与参考文献[7,8]在相似研究中所观察到的结果相似。参考文献[7]在研究 NiCo-CrAlYTa 涂层/镍基单晶高温合金界面处再结晶时发现,在 1000℃进行 6h 真空扩散处理后,涂层覆盖下的吹砂变形层没有发生再结晶,而在 1080℃进行 6h 真空扩散处理后,涂层覆盖下的吹砂变形层产生了明显的胞状再结晶。参考文献[8]在研究表面涂覆 NiCoCrAlY 涂层的 DSM11 定向凝固合金的再结晶行为时发现,1000℃保温 4h 后,涂层覆盖下的吹砂变形层内没有发现再结晶组织,保温 50h 后,吹砂变形层内产生了明显的胞状再结晶组织。实际工艺中,叶片在涂覆涂层之前通常要进行吹砂处理,会使叶片表面形成一个变形层,在涂覆涂层之后的扩散处理过程中,叶片表面可能会产生胞状再结晶。为了防止表面胞状再结晶的发生,应选

择合适的吹砂压力以减小叶片表面的变形程度,同时应在不高于 1000℃ 的温度下
进行涂层扩散处理。

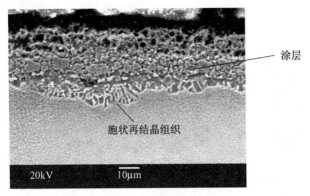

图 10 - 9　涂层试样经 1050℃/3h 扩散处理后的胞状再结晶形貌

　　喷丸试样(无涂层)、涂层试样(未经扩散处理)以及扩散试样(经过扩散处理
的涂层试样)经 1300℃/2h 固溶处理后的再结晶厚度对比如图 10 - 10 所示。可以
看出,和喷丸试样相比,涂层试样和扩散试样的再结晶厚度略有下降,但变化不大。
表面涂层不能完全抑制再结晶的发生,也不能显著降低再结晶厚度。

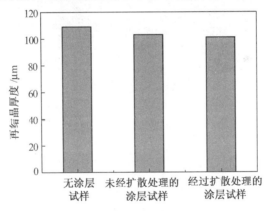

图 10 - 10　表面涂层对再结晶厚度的影响

　　扩散试样和涂层试样经 1300℃/2h 固溶处理后,均在涂层下面形成了一层由
完整再结晶晶粒所构成的再结晶层,再结晶层厚度比较均匀,如图 10 - 11 所示。
尽管扩散试样和涂层试样的再结晶厚度和再结晶形貌均比较相似,但它们在固溶
处理过程的再结晶过程有所不同。在固溶处理过程中,扩散试样的胞状再结晶晶
粒会继续长大,同时胞状晶粒内的粗大条状 γ′ 相会发生溶解,最后形成由完整的再
结晶晶粒所构成的再结晶层。而涂层试样的再结晶过程包括再结晶形核和再结晶
核心的长大,再结晶晶粒首先在基体与涂层的界面处形核,然后沿变形层向基体内

部生长。固溶处理过程中,涂层试样的再结晶形核过程很快就能完成,然后再结晶晶界迅速向基体内部推移,保温 8min 后,在涂层下面已经形成了约 60μm 厚的再结晶层(图 10 - 12)。随着保温时间的进一步延长,再结晶晶粒继续长大,最后形成厚度比较均匀的再结晶层。扩散试样和涂层试样在固溶处理过程中的再结晶过程如图 10 - 13 所示。

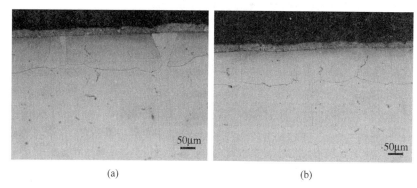

(a)　　　　　　　　　　　　　　　　　(b)

图 10 - 11　涂层试样经过 1300℃/2h 固溶处理后的再结晶形貌

(a)经过扩散处理;　(b)未经扩散处理。

图 10 - 12　涂层试样在 1300℃ 保温 8min 后形成的再结晶组织

在定向凝固和单晶高温合金叶片的制造过程中,常常会存在吹砂或喷丸过程,吹砂或喷丸引起的塑性变形基本局限于合金表层区域。在随后的固溶处理过程中,很可能会形成表面再结晶层。定向凝固和单晶高温合金的再结晶一般只在表面形核,在基体内部形核则困难得多,相同温度下,内部形核所需的临界应变量远大于表面形核所需的临界应变量。再结晶易在表面形核的主要原因是,在表面形核可以减少新增界面,从而减少界面能的增加。此外,高温氧化会造成试样表层区域 γ′ 相粒子减少,也可以促进表面形核。参考文献[1]的目的是通过涂覆涂层来消除自由表面,使再结晶晶粒在内部形核,增加形核阻力,同时避免高温氧化对再结晶形核的促进作用,进而达到抑制再结晶的目的。但结果表明,在固溶温度下,

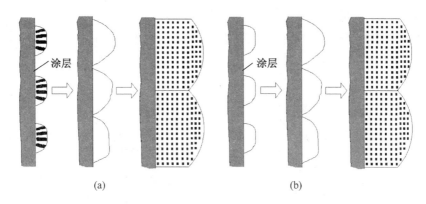

图 10 – 13 涂层覆盖下的再结晶过程

（a）经扩散处理；（b）未经扩散处理。

表面涂层不能有效抑制再结晶形核过程,因此不能显著降低再结晶厚度。这种现象可以从两个方面进行解释:①喷丸表面覆盖涂层后,虽然消除了自由表面,但涂层和基体之间存在着一个界面,再结晶晶粒在界面处形核时,涂层与基体的界面可以成为新核的一部分界面(图 10 – 14)。和自由表面处形核相比,在涂层与基体的界面处形核时新增的界面大小相等,再结晶形核阻力没有显著增加。②氧化作用可以促进表面再结晶形核以及再结晶晶界的迁移,从而使再结晶厚度增加。但是,不同热处理温度下氧化作用对再结晶的影响效果不一样,在固溶温度下,由于 γ' 相溶解比较快,氧化作用对再结晶的促进作用不明显,随着热处理温度下降,γ' 相溶解逐渐变得困难,合金母体中的 γ' 相粒子逐渐增多,γ' 相对于再结晶的阻碍作用逐渐增大,高温氧化对再结晶的促进作用也就越显著。

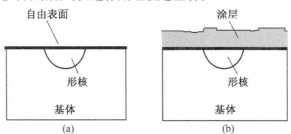

图 10 – 14 再结晶形核位置示意图

（a）自由表面再结晶形核；（b）在涂层和基体的界面处再结晶形核。

10.3.2 涂层对再结晶试样持久性能的影响

参考文献[1]利用图 5 – 1 所示的持久试样,通过喷丸变形和 1300℃/4h 热处理形成表层再结晶,部分试样经涂覆涂层和 1050℃/3h 真空扩散热处理,然后进行 1000℃/195MPa 持久试验,研究了涂层对再结晶试样持久性能的影响,试验结果如

图 10 – 15 所示。可以看出,再结晶试样的平均寿命约为 85h,而涂层/再结晶试样的平均寿命约为 100h,表面涂层使再结晶试样的持久寿命提高了 17% 左右。

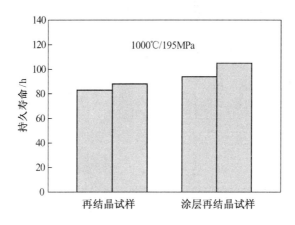

图 10 – 15   再结晶试样和涂层/再结晶试样的持久寿命对比

图 10 – 16 所示为再结晶试样和涂层/再结晶试样断口附近纵剖面的组织形貌。可以看出,两种试样断口附近的组织形貌基本相似,几乎所有垂直于应力轴方向的再结晶晶界都已开裂,再结晶层与基体之间处于一种"剥离"状态,断口附近存在明显的内部裂纹。但和再结晶试样不同的是,涂层/再结晶试样中一些沿晶裂纹没有扩展到表面,这些裂纹的扩展止于再结晶层与涂层处的界面处,裂纹宽度较小,氧化程度也较轻。

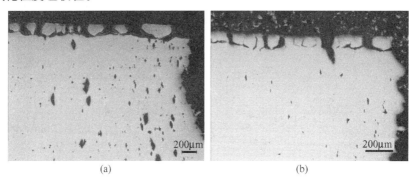

(a)   (b)

图 10 – 16   再结晶试样和涂层/再结晶试样断口附近的金相组织
(a) 再结晶式样; (b) 涂层/再结晶试样。

涂层/再结晶试样在 1000℃/195MPa 条件下持续 80h 后停止试验,其纵剖面的组织形貌如图 10 – 17 所示。可以看出,大部分垂直于应力轴方向的再结晶晶界都已开裂,但是,这些裂纹的扩展几乎均止于涂层与再结晶层的界面处,只有少量萌生比较早、宽度比较大的裂纹才扩展到了涂层区域。这说明,相对于再结晶层而言,涂层具有较高的强度,开裂时间较晚。

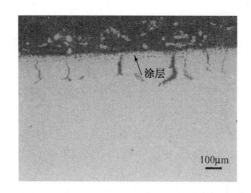

图 10 - 17　1000℃/195MPa 下持续 80h 后涂层/再结晶试样纵剖面的金相组织

涂层/再结晶试样由涂层、再结晶层和单晶合金基体三部分组成。涂层、再结晶层和基体组织在物理和力学行为上均存在明显差异,且各层之间存在明显界面,因此,实质上涂层/再结晶试样属"表层/亚表层/基体"三层结构系统。由于单晶 SRR99 合金中晶界强化元素含量很少,再结晶晶界很弱,在持久试验过程中,与应力轴垂直的再结晶晶界在应力作用下首先开裂,并且沿着晶界扩展。垂直于应力轴方向的沿晶裂纹向外扩展到再结晶层与涂层的界面时,裂纹向涂层区域的扩展速率大为减缓,涂层不会马上开裂。在持久试验后期,随着一些沿晶裂纹的不断扩展,涂层才逐渐开裂。由于表面涂层开裂较晚,涂层的存在可以减小沿晶裂纹的氧化程度,从而减缓裂纹的扩展速率,使再结晶层具有承载能力的时间延长,从而提高再结晶试样的持久寿命。

10.4　去除表面变形层对再结晶的抑制作用

定向凝固和单晶高温合金一般不经历冷变形过程。因此,从理论上讲,定向凝固和单晶高温合金在正常情况下不会出现再结晶,除非在叶片生产过程中受到偶然的冷变形,如磕碰、吹砂、机械加工等,而这些工艺过程导致的冷变形基本局限于表层,在高于再结晶的温度下形成表面再结晶层。因此,在固溶处理前采用某种方法去除表面变形层从而抑制再结晶的发生成为研究人员关注的一个方面。

Salkeld[9]等提出了在塑性变形程度较小时,利用电化学腐蚀去除试样表面的形变层,进而达到避免试样在固溶过程中发生再结晶的目的。具体的方法为:首先将试样在 70% 体积分数的浓磷酸中腐蚀 3min,电流密度为 620A/m²,再将试样浸入 65 ±2℃由 2 份体积的浓硝酸、80 份体积的盐酸(32%)、11 份体积的氯化铁水溶液构成的溶液中 3 ~ 5min 或 90% 体积分数盐酸、10% 体积分数过氧化氢温溶液浸蚀 3 ~5min。该方法可在单晶合金表面去除 0.013mm ~0.05mm 的表面层。对铸造的单晶叶片进行上述处理后再固溶处理与直接固溶处理相比,前者发生再结晶的倾向降低。

10.5　晶界强化元素对再结晶危害的抑制作用

再结晶的出现会严重降低定向凝固和单晶高温合金的性能,主要是因为定向凝固和单晶高温合金中 C、B、Hf 和 Zr 等晶界强化元素比较少,再结晶晶界很弱,服役过程中易在再结晶晶界及再结晶区与基体材料的界面处萌生裂纹。因此,可以通过增加合金中晶界强化元素的含量来提高再结晶晶界的强度,延缓再结晶晶界处裂纹萌生的时间,降低再结晶对合金性能的影响。

Okazaki 等人[10]研究了胞状再结晶对 CM247LC 定向凝固合金和 CMSX - 4 单晶高温合金疲劳寿命的影响,结果显示,胞状再结晶对 CM247LC 合金疲劳寿命的影响远小于对 CMSX - 4 合金疲劳寿命的影响。CM247LC 合金中含有 C、B、Hf 和 Zr 等晶界强化元素,而 CMSX - 4 合金只含有少量的 Hf,这说明合金中晶界强化元素的存在可以有效降低再结晶对合金性能的影响。但是,向合金中添加晶界强化元素会降低合金的初熔温度,从而使合金的固溶热处理温度降低,影响合金的整体性能。所以,向母合金中增加晶界强化元素不是一种切实可行的方法。基于在不影响基体性能的前提下通过晶界强化元素来强化再结晶晶界的思路,Okazaki 等人[11]研究了一种降低胞状再结晶对合金性能影响的新方法。他们采用一种含有晶界强化元素的合金(3.0% B,1.4% Hf)和另一种几乎不含晶界强化元素的合金作为涂层分别涂覆在表面有胞状再结晶的 CMSX - 4 试样上,然后在 950℃进行高周疲劳试验,研究晶界强化元素对再结晶损伤的抑制作用。结果显示,含有晶界强化元素的涂层几乎完全可以抵消胞状再结晶对合金疲劳寿命的影响,此外,表面涂覆含有晶界强化元素的合金的再结晶试样比涂覆几乎不含晶界强化元素的合金的再结晶试样具有更高的疲劳强度。根据该项研究结果,可以提出"再结晶损伤修复涂层技术"这种新的思路。

参考文献

[1]　张兵. 单晶高温合金的再结晶及其损伤行为研究[D]. 北京:中国航空研究院,2009.

[2]　Bond S D,Martin J W. Surface recrystallization in a single crystal nickel-based superalloy. Journal of Materials Science,1984,19:3867.

[3]　Bürgel R,Portella P D,Preuhs J. Recrystallization in single crystals of nickel base superalloys. Superalloys 2000. Warrendale:TMS,2000:229.

[4]　Kortovich C S. Method of Producing a Single Crystal Article:U S,4385939. 5/31/1983.

[5]　Mihalisin J R. Casting of Single Crystal Superalloy Articles with Reduced Eutectic Scale and Grain Recrystallization:U S,US2004/0007296A1. 1/15/2004.

[6]　Corrigan J. Single Crystal Superalloy Articles with Reduced Grain Recrystallization:Europe,EP1038982A1. 9/27/2000.

[7]　梁兴华,周克菘,刘敏,等. NiCoCrAlYTa 涂层/镍基单晶高温合金界面再结晶. 稀有金属材料与工程,

2009,38(3):545.

[8]　Wang Q W,Tang Y J,Zhang J,et al. Recrystallization in NiCoCrAlY coated DS nickel base superalloys during thermal aging. Materials Science Forum,2007,Vols539 – 543:1092.

[9]　Salkeld R W. Preparation of Single Crystal Superalloy for Post-casting Heat Treatment:U S,5413648. 5/9/1995.

[10]　Okazaki M,Ohtera I,Harada Y,et al. Undesirable effect of local cellular transformation in microstructurally-controlled Ni-base superalloys subjected to previous damage on high temperature. Materials Science Research International,2003,9(1):510.

[11]　Okazaki M,Ohtera I,Harada Y. Damage repair in CMSX- 4 alloy without fatigue life reduction penalty. Metallurgical and Materials Transactions A,2004,35A:5310.

第11章　定向凝固和单晶高温合金再结晶的检测与控制

尽管通过工艺控制可以在一定程度上使定向凝固和单晶高温合金的再结晶得到消除,但在批量生产叶片的过程中,不可避免地存在导致叶片局部塑性损伤而在高温下发生再结晶的可能性,因此,必须对定向凝固和单晶高温合金的再结晶进行检测和控制。

本章介绍了再结晶的金相检测和 X 射线检测方法,并对有发展前景的无损检测方法进行了介绍,阐述了从工艺上控制再结晶的方法,最后根据国内外已有的定向凝固和单晶高温合金再结晶的评价与控制方法以及作者近年来系统的研究结果,介绍了定向凝固和单晶叶片再结晶的控制标准。

11.1　金 相 检 测

金相检测是根据定向凝固和单晶高温合金发生再结晶后显微组织形貌与柱状晶以及枝晶有一定区别而进行的。再结晶检测分为再结晶宏观检查和再结晶深度检测。再结晶宏观检查是在叶片表面上通过适当腐蚀显晶后,利用目视或放大镜进行检查;再结晶深度检测是在叶片再结晶横剖面上通过适当腐蚀显示晶粒后,利用光学显微镜、视频显微镜或扫描电子显微镜等设备进行再结晶深度测量。对再结晶的检测一般应在定向凝固和单晶叶片固溶热处理后进行,对于时效温度超过定向凝固和单晶高温合金再结晶温度的情况,再结晶的检测应在定向凝固和单晶叶片时效热处理后进行。

采用金相检测方法检测定向凝固和单晶高温合金表面是否存在再结晶是目前国内外最为成熟的方法,国内外有关定向凝固和单晶叶片再结晶评定与控制标准中采用的均为金相检测方法。该方法操作简便,能够直观地观察再结晶组织形貌和晶粒大小,且能确定再结晶层的深度,但确定表面再结晶层深度时必须通过对叶片进行解剖才能进行,而不能直接实施。

11.1.1　再结晶宏观检查

一般采用表 11 - 1 中的腐蚀剂 A 或 B 对定向凝固和单晶高温合金或叶片表面进行腐蚀,也可以采用其他腐蚀剂[1]。

表 11 - 1　定向凝固和单晶高温合金再结晶宏观检查用腐蚀剂

腐 蚀 剂 成 分	配 制 方 法
腐蚀剂 A： 工业三氯化铁　　　162～324gL 工业盐酸　　　　　68～111mL/L 水　　　　　　　　余量	配置时将三氯化铁溶解于盐酸中，然后加水至规定量
腐蚀剂 B： 工业盐酸　　　　　500mL 工业硫酸(浓硫酸)　35mL 硫酸铜(CuSO_4·5H_2O，化学纯)　150g	先将硫酸铜放入盐酸中，加热至 40～50℃，使硫酸铜完全溶解，然后慢慢加入硫酸，或先将硫酸铜溶解于硫酸，然后倒入盐酸

发生再结晶的定向凝固和单晶高温合金或叶片经腐蚀后，在阳光下用肉眼观察表面，局部区域可见反光较强的一些亮点，有的呈"黑"色，有的呈"白"色。在放大镜下观察，这些反光亮点为再结晶组织，图 11 - 1 给出了定向凝固叶片表面再结晶晶粒的宏观形貌。

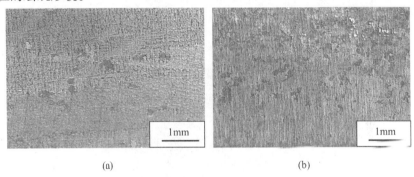

(a)　　　　　　　　　　　　　　　　(b)

图 11 - 1　定向凝固高温合金叶片上再结晶晶粒的宏观形貌

11.1.2　再结晶深度检测

从再结晶宏观检查中再结晶晶粒中心区域截取横剖面试样，经砂纸打磨并进行抛光后，用表 11 - 2 中的腐蚀剂 A 或 B 进行腐蚀，也可采用其他合适的腐蚀剂，以清晰显示组织为宜[2]。图 11 - 2 和图 11 - 3 分别给出了定向凝固叶片剖面再结晶晶粒光学金相和扫描电镜形貌。图 11 - 4 给出了单晶高温合金叶片剖面再结晶晶粒光学金相形貌。

再结晶深度的测量可以在光学显微镜、视频显微镜等设备上进行。必要时，也可在扫描电子显微镜上进行。

对于视频显微镜，可以利用系统测量距离的功能，测量出再结晶的深度。

表 11 - 2　定向凝固和单晶高温合金显微组织腐蚀剂

腐蚀剂成分	配制方法
腐蚀剂 A： 工业盐酸　　　　　　　　　　100mL 硫酸铜($CuSO_4 \cdot 5H_2O$,化学纯)　20g 水　　　　　　　　　　　　　100mL	先将硫酸铜放入盐酸中,加热至 40~50℃,使硫酸铜完全溶解,然后慢慢加入水,或先将硫酸铜溶解于水中,然后倒入盐酸
腐蚀剂 B： 工业盐酸 30% 过氧化氢(化学纯)	盐酸和过氧化氢的体积比为 1:1,在广口容器中配制,现配现用

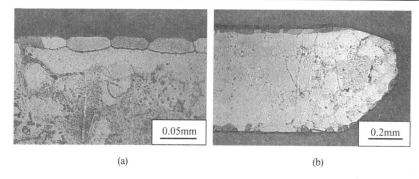

(a)　　　　　　　　　　　　　(b)

图 11 - 2　定向凝固高温合金叶片横剖面上的再结晶晶粒形貌

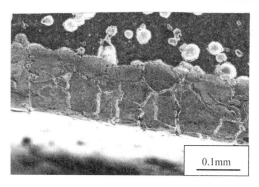

图 11 - 3　定向凝固高温合金叶片纵剖面上的再结晶晶粒形貌(SEM)

对于普通光学显微镜,可使用测微目镜直接测量再结晶的深度。在使用测微目镜前,应先进行标定,标定方法是:先将显微标定尺(1mm 均分为 100 格)置于载物台上,然后在待测的放大倍数下,将标尺与测量目镜中的刻度进行比格,若视野里标尺的刻度数与一定的目镜中的刻度数对应,则在待测的放大倍数下,目镜中的每一格代表的实际长度为

$$l = n \times 0.01/n_1$$

式中: l 为目镜中每一格代表的实际长度(mm); n 为视野中显微标定尺的刻度数;

n_1 为目镜中的刻度数。

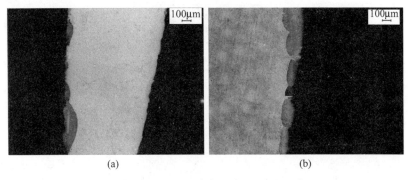

（a）　　　　　　　　　　　　（b）

图 11 - 4　单晶高温合金叶片横剖面上的再结晶晶粒形貌

11.2　X 射线衍射

　　X 射线衍射法测定定向凝固和单晶高温合金试样中是否发生再结晶的基本原理是布拉格公式：

$$2d\sin\theta = n\lambda \tag{11 - 2}$$

式中：d 为晶面间距；λ 为 X 射线波长；θ 为 X 射线入射角。

　　测定定向凝固和单晶高温合金试样中是否发生再结晶一般采用德拜法成像技术，其基本原理是利用定向凝固和单晶高温合金试样表面发生再结晶后会形成细小的多晶体[3]，这些数目多的细小晶体其方位是混乱分布的。根据爱瓦尔德作图法则，只有和反射球相交倒易点所对应的晶面才能发生衍射，因此这些能发生衍射的晶面和反射球相交的交线形成了一系列衍射圆锥。所有的圆锥都是以入射方向为公共轴、以倒易点阵为顶点、以衍射线方向为圆锥母线，各个圆锥的地半顶角是相应的 2θ 角。这些衍射圆锥如果与垂直入射线的平板底片相交，则在底片上得到一系列同心圆。在德拜法成像技术中，底片围成一个圆柱面，圆柱的轴垂直于入射线方向。因此，衍射线在底片上形成一系列弧形线段，如图 11 - 5 所示。

　　德拜法成像技术适用于 $10\mu m \sim 1mm$ 之间的多晶体晶粒的衍射，这对于定向凝固和单晶高温合金叶片表面再结晶层的分析是合适的。当试样中的晶粒尺寸过大时，如不存在再结晶的定向凝固和单晶高温合金的晶粒尺寸远大于 $1mm$，试样中的所有晶粒不可能形成一个个连续的倒易球面，此时形成的德拜环将是不连续的。当试样中的晶粒尺寸过小时（$<10\mu m$），按照衍射理论将会使衍射谱线变宽。

　　当试样经过冷加工变形或因其他原因含有内应力时，在晶体的某些微观区域

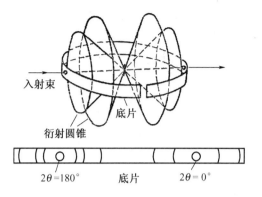

图 11 – 5 德拜成像的衍射圆锥与底片的相对位置[3]

也会出现原子排列的规律性受到破坏,晶面产生错动歪曲,间距也产生微小的变化,结果也会产生衍射线形状(即谱线)的变化或位移。利用这一特点,可以用德拜法成像技术研究定向凝固和单晶高温合金受冷变形区域再结晶完成的程度,即研究再结晶发生的不同过程。

卫平[4]等对一种镍基单晶高温合金的再结晶温度进行实验研究时就是采用德拜法成像技术。经表面喷丸试样分别在不同温度下保温 4h,然后空冷。在 X 射线衍射仪上采用 Cu – Kα 辐射并拍摄试样的 $\{400\}$ 和 $\{331\}$ 谱线($2\theta \approx 139°$)的衍射花样,通过观察衍射斑点的出现判断再结晶开始发生的温度。从图 2 – 13 显示的衍射图像中可以发现,当加热温度升至 t_1 时,衍射图像上开始出现多个明显的衍射斑点,这表明表面开始生成再结晶晶粒。从 t_4 温度开始衍射斑点开始变得独立而分开,t_5 时变亮变大,这表明再结晶晶粒开始聚集长大。

X 射线检测定向凝固和单晶高温合金中是否发生再结晶的优点是不破坏试样,可以分析研究再结晶发生的过程,但缺点是对检测位置局限性大,如对于图 11 – 6 所示的实际叶片的再结晶情况。因此该方法检测效率低,成本过高,且无法确定再结晶层深度,因而 X 射线检测定向凝固和单晶高温合金的再结晶仅限于实验室研究。

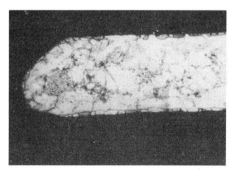

图 11 – 6 涡轮叶片表面再结晶

11.3　无 损 检 测

　　目前国内对定向凝固叶片工程应用过程中再结晶的检查是在大修时去掉渗层后进行,且检查方法主要是通过金相法,而这种方法存在难以克服的弊端,一方面对工程应用而言速度太慢,另外若对叶片不进行破坏,则只能得到表面再结晶的范围,而对叶片在厚度方向的再结晶深度无从可知。与金相法相比,无损检测方法具有非破坏性、速度快、可以测量深度等特点,对于定向凝固与单晶高温合金的再结晶评定,是一种理想的工程应用方法,具有很好的应用前景。

　　在众多的无损检测方法中,超声和涡流检测技术是有望解决再结晶检测难题的两种重要方法,尽管存在的技术难度也很大。

　　首先分析一下再结晶层的超声检测,其难度主要有以下两方面:①再结晶层本身厚度薄(微米量级),应用于基体材料中的很多检测原理和方法不再适用;②再结晶层与基体之间的声阻抗差异不大,给特征参量的提取带来很大难度。

　　要解决该问题,首先要能识别再结晶区的存在。由于再结晶区的组织结构、弹性模量与未发生再结晶的区域有较大的差异,可能在两者界面上产生超声波的反射,从而可利用反射信号识别再结晶层并测量其厚度;同时,两者晶粒尺寸与组织结构的差异也可能引起超声散射信号的差异,通过信号处理识别再结晶层的存在。在可识别再结晶层的情况下,一方面要根据基体和再结晶层组织结构特点合理制订检测工艺,得到准确波形;另一方面,要研究如何进行信号分析和特征值提取,这两点是再结晶层超声无损检测的关键所在。检测方法的确定主要考虑如何获得准确的超声回波信号。对于具有再结晶层的叶片,得到的超声脉冲回波信号比较复杂,不同界面的多次回波互相交错,甚至叠加,带来波形识别上的困难。为此,首先应保证探头与探伤仪之间的良好匹配,并设法获得声束宽度很细的脉冲信号;其次,通过驱动装置控制探头的移动范围和精度,以便改变声束焦点的位置,获得不同深度、不同位置处的精确回波。另外,应充分估计到多层介质中声波干涉效应的影响,准确识别波形。从信号处理角度而言,频谱分析技术对于再结晶层叶片超声波检测信号的分析和处理具有独特的优势,原因主要有以下几个方面:

　　(1)超声波信号本身由一系列不同频率的谐波组成,信号的频域分析能够获得时域信号无法提供的、包含组织结构及缺陷的大量信息。

　　(2)在频域上提取的信号特征受耦合状态等的影响较小,经过系统修正后,能够做到优选出的频域特征仅与介质有关,特别适合于薄层介质中超声波信号的处理。

　　(3)再结晶层介质中不同界面回波的叠加和干涉效应使得时域波形难以区分

的同时,给时域特征参量的提取带来了更大难度,相反,频域内的特征提取相对容易进行。因此,可对再结晶薄层的超声回波信号进行识别,提取声速、衰减、声阻抗及相位谱峰值、功率谱峰值、谱峰频率间隔等特征参量,找出反应再结晶层厚度特征的敏感声学参数,采用频谱分析方法评价再结晶层厚度。

另外,利用涡流方法对再结晶层进行无损检测,也是一项很有意义的研究。涡流检测是一项应用电磁场作用于导电材料,对由于材料电磁特性改变而引起电磁场作用发生变化进行测量与评价的无损检测技术。从理论上讲,一切可以引起导电材料导电性和导磁性发生变化的因素均有可能采用涡流检测法进行测量;从工程应用的测量技术而言,还存在一个检测工艺与仪器设备的测量灵敏度能否达到预期目标的问题。

用于制造定向凝固和单晶叶片的材料为非铁磁性材料,材料的相对磁导率为近似等于1的常数,即叶片材料不会产生导磁性改变而对电磁测量带来影响,也就是说,影响涡流在非铁磁性材料中分布与响应变化的因素根本上是通过材料的导电性发生变化显现出来,如缺陷产生、热处理状态变化、组织结构不同、应力分布不均等因素,均可以改变材料的导电性,因此上述各种因素(或多种因素的综合效应)也就均可成为涡流检测的目标。

对定向凝固和单晶叶片材料再结晶行为的研究表明,再结晶层的微观组织结构与原铸态基体存在明显的差别,这些差异无疑会引起再结晶区域导电性能的变化。

由于再结晶层的范围有时较小(有时仅在毫米量级)、深度较浅(通常在十至百微米量级),采用常规的涡流检测仪器和技术几乎难以测量出叶片上的再结晶的存在和严重程度,这一困难主要源于常规检测线圈的直径要比再结晶区域大,测量能力达不到分辨出再结晶区与原铸态基体的电性能差异的水平。针对叶片再结晶形貌与结构的特点,探索采用涡流方法实施有效的测量,应在以下三个方面开展深入的研究:①再结晶区域导电性变化程度测量;②消除叶片型面变化所产生的影响;③提高涡流检测的分辨率。

涡流检测灵敏度的提高可以从两个方面考虑:一是采用较高的检测频率,如选择 100kHz ～ 1MHz 频率范围。检测频率也不宜过高,因为随着检测频率提高、涡流趋肤效应增强,从理论上讲检测灵敏度随之提高,但叶片表面的光洁程度、检测线圈与叶片型面的耦合状况等因素同样会随检测频率的提高而产生显著的干扰。二是设计专用的检测线圈,最大程度上使检测线圈小型化,或通过检测线圈形状的特殊设计,在检测区域形成焦点尺寸在毫米量级以下的聚焦电磁场;同时配以专用的检测夹持装置,并控制检测线圈精确、稳定扫查,也是提高检测分辨率必须要考虑的因素。

目前国内对工程应用条件下对定向凝固与单晶高温合金的再结晶无损检测方面的研究基本上还属于空白。再结晶的无损检测与评定方法,不仅对于定向凝固与单晶高温合金在制造、装配使用与维修等过程中再结晶的控制提供参考依据,而且对提高定向凝固与单晶高温合金的安全使用可靠性具有重要意义,因此,再结晶的无损检测技术是一个很有价值的研究领域。

11.4　工 艺 控 制

采用工艺控制再结晶产生,其实质是控制和消除产生再结晶的条件,定向凝固和单晶高温合金叶片出现再结晶组织主要有两个途径:

(1) 经过一定的冷变形(塑性变形),在高温下(超过再结晶临界温度)可发生再结晶。

(2) 金属材料在略低于再结晶温度承受长期应力作用而产生的动态再结晶。

目前已有的研究表明,在较低程度的冷变形情况下要形成再结晶,必须满足两个条件:即 γ′ 相必须在再结晶萌生的地方溶解且具有自由表面。

在目前国内发动机涡轮叶片承受的实际温度情况下,在略低于再结晶温度下由于长期应力作用而发生的动态再结晶只可能在枝晶间或由于表面氧化发生,而枝晶间区域很小且基本处于内部,发动机用定向凝固和单晶高温合金涡轮叶片表面均具有表面防护涂层,如早期采用的渗层以及用现代先进的电子束气相沉积的热障涂层等,不存在自由表面,因而即使发生动态再结晶,在高温空气条件下,其深度也仅为十几个微米,其影响也较小。因此工艺控制再结晶的产生主要是控制再结晶产生的第一个条件:即控制冷变形产生的塑性变形和随后的高温过程。

叶片制造过程中,机械加工、抛光、校形、吹砂等工序导致叶片的冷变形,高温过程是在后续的固溶时效处理时产生。目前在实际叶片上发现的再结晶,也均是在叶片服役以前已经形成,如图 11-7 所示。Bürger 等[5]对单晶高温合金叶片出现再结晶的解释,也有相似的看法。

因此,定向凝固和单晶叶片中再结晶控制的主要措施有:

(1) 对铸造模具采取相关措施并改善精铸工艺以减少涡轮叶片的校正数量和校正量。

(2) 尽可能采用无余量精密铸造,以减少后续的加工量。

(3) 在加工过程中严格控制变形,如在去除叶片表面铸造残壳时,可以采用碱煮和振动光饰代替吹砂工序;在校形时严格控制变形量、铸件固溶热处理后不允许校正等。

(4) 合理控制工序,如将叶片的固溶工序提前,由校正、抛修→去应力热处理→固

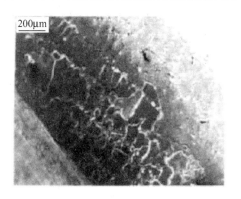

图 11 - 7　未装机叶片的表面再结晶

溶处理调整成为固溶处理→校正、抛修→去应力热处理。

（5）严格按叶片技术条件进行再结晶检查。

（6）对含再结晶层的定向凝固叶片可以在设计尺寸控制的范围内进行抛修以消除再结晶层。

如果采取上述措施后仍存在含有再结晶层的叶片，则需要按标准测定再结晶的深度再进行处理。

11.5　定向凝固和单晶高温合金叶片 再结晶的控制标准

尽管人们通过工艺可以在一定程度上使定向凝固和单晶叶片再结晶得以消除，但在工程实践中，不可避免地会出现表面再结晶，在长期高温使用条件下，也可能由于表面的氧化或在枝晶间产生一定程度的再结晶。因此工程应用中必须采用相应的检测与评定标准。

从理论上讲，定向凝固和单晶叶片中再结晶的检测与评定可以借助无损检测技术进行，但由于目前缺乏定向凝固和单晶叶片中再结晶层的物理、力学性能参数，该方法尚处于探索试验阶段。而工程实践中又迫切需要建立一个统一的、适合生产实际的定向凝固叶片中再结晶的检测与评定方法，因此，所制定的航标"定向凝固叶片中再结晶的检测与评定方法"是在借鉴国内外相关技术资料的基础上，用叶片表面腐蚀和剖面检测的方法进行再结晶检测，并给出了定向凝固叶片中再结晶的检测方法与相应的评定标准。

"定向凝固叶片中再结晶的检测与评定方法"（HB 7782—2005）标准中界定了标准的适用范围，给出了相关术语和定义，提出了定向凝固叶片中再结晶的检测和评定原理，并以资料性附录的形式介绍了定向凝固叶片中再结晶的形成与控制；同时,给出了定向凝固叶片中的再结晶晶粒形貌特征,并以资料性附录的形式提供了宏观检查、光镜检查、扫描电镜检查时再结晶晶粒形貌特征图片;描述了对叶片表面再结晶的检测步骤,给出了定向凝固叶片中再结晶的评定标准。

11.5.1　标准中特定的术语和定义

针对涡轮叶片的形状和特点,标准中涉及的特定术语有"跨越性再结晶"和"再结晶深度"的定义。

"跨越性再结晶"是根据叶片再结晶的宏观形貌特征给出的。其定义为叶盆或叶背面跨过进、排气边(不包括具有半劈缝和全劈缝空心涡轮叶片的排气边)曲率半径 R 的连续再结晶。跨越性再结晶宏观形貌特征如图 11 - 8 和图 11 - 9 所示。

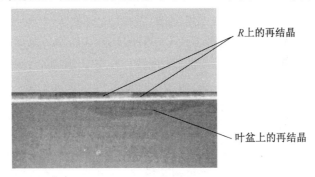

R 上的再结晶

叶盆上的再结晶

图 11 - 8　叶盆上跨过 R 的连续再结晶宏观形貌

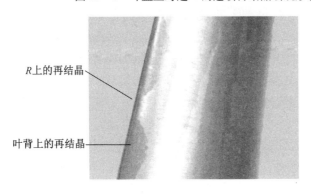

R 上的再结晶

叶背上的再结晶

图 11 - 9　叶背上跨过 R 的连续再结晶宏观形貌

"再结晶深度"定义为定向凝固叶片横剖面上再结晶区内边界距相应表面的最大垂直距离。定义中的表面可以是进气边、排气边、叶盆面和叶背面,也可以是气孔壁。由于再结晶深度检测既可以在叶片抛修至设计尺寸时进行,也可以穿插于叶片在抛修之前进行的其他横剖面检测步骤中进行,例如穿插在叶片剖切后抛修之前进行的低倍和显微组织检查步骤中,鉴于不同叶片抛修量存在很大差异,标准中定义的再结晶深度是指叶片抛修至设计尺寸时再结晶的深度。

11.5.2　再结晶的评定

对于定向凝固高温合金叶片上出现的跨越性再结晶,应视为叶片不合格。其根据在于:

(1)工程实践中,曾发生了多起由跨越性再结晶引发的定向凝固叶片裂纹与断裂故障。

(2)国内外对定向凝固高温合金再结晶的研究结果表明,跨越性再结晶严重降低了合金的高温持久寿命和疲劳寿命。第9章中介绍的"月牙形"再结晶,实际上就相当于相同深度的宏观裂纹。

对于叶片中的非跨越性再结晶。叶片是否合格,视叶片技术条件而定。而关于再结晶深度的规定,由于工程上很难实现叶片的均匀变形,因此不能准确地量化再结晶深度对定向凝固叶片性能的影响,另外即使可以实现这种量化关系,由于叶片的性能受尺寸因素的影响,再结晶深度和叶片性能的表征关系也会因为叶片种类的不同而有所差异,所以工程上很少进行再结晶深度和叶片性能的量化关系试验,目前国内外与之相关的技术资料也很少。

根据国内外有关资料与进行的有关研究,有如下几点值得借鉴。

(1)法国透博梅卡公司技术文件规定,再结晶深度级别≤13μm 时的叶片可以使用,而大于25μm 时不能装机使用,再结晶深度大于13μm 而小于25μm 的叶片由供需双方根据实际情况决定。但该规定是针对长寿命的小发动机而言,我国在直升机用某型发动机上的定向凝固高温合金 DZ22B 一级涡轮工作叶片(叶片长25mm,弦宽16mm)参照使用了这一标准,但实际执行中,采用再结晶层小于25μm 时装机使用,大于25μm 时报废。在最近多年的工程实践中发现,再结晶深度小于25μm 的 DZ22B 定向凝固叶片,其运行状况良好。

(2)在对我国某系列发动机 DZ4 定向凝固高温合金叶片进行的检查中,发现工作时间在600h 之内的出现裂纹的几十片叶片中,再结晶深度均大于50μm。

(3)据俄罗斯有关高温合金专家介绍,其航空发动机涡轮工作叶片上一旦出现深度为50μm 的再结晶,叶片禁止使用。

(4)前已分析过,含再结晶的定向凝固高温合金叶片,相当于"涂层/基体"系统材料,再结晶层对叶片性能的影响与涂层/渗层对叶片性能的影响类似。定向凝固叶片上渗层的厚度一般为25~45μm,该厚度对叶片的疲劳性能无显著影响。

(5)国内在有关再结晶对定向凝固 DZ4 合金的性能影响方面进行了大量系统的研究,如果以性能下降10% 对应的最小再结晶深度为基础,有一些数据可以借鉴,主要表现如下。

（a）再结晶深度对 DZ4 合金 800℃/500MPa 板材持久性能影响的关系曲线如图 4-8 所示。试验结果表明，厚度为 194μm 的再结晶使持久寿命下降了约 22%。按该曲线推算，持久性能下降 10% 时，对应的再结晶总深度约 88μm，板材每一侧的深度约 44μm。

（b）DZ4 合金再结晶深度与高温低周疲劳寿命的关系曲线如图 4-20 所示，可以看出，深度为 255μm 的再结晶使疲劳寿命下降了约 16%。按该关系曲线推算，疲劳性能下降 10% 时，对应的再结晶深度约 157μm。但应当指出，该试验采用的应力较大，如果施的循环应力较小，则再结晶深度对疲劳寿命的影响应更明显。因此，在较低的循环应力下，疲劳性能下降 10% 时所对应的再结晶深度应远小于 157μm。

（c）相关资料提供了再结晶对圆棒持久性能的影响关系式：设 D 为圆棒试样的直径，δ 为表层再结晶深度，σ_z 为不发生再结晶试样的持久强度，σ_c 为发生了深度为 δ 的再结晶试样的持久强度，则有

$$\frac{\pi D^2}{4}\sigma_c = \frac{\pi(D-2\delta)^2}{4}\sigma_z \qquad (11-3)$$

根据该关系式，设持久寿命下降 10%，再结晶深度计算值 $\delta = 0.0257D$，假设圆棒直径为 2.5mm，则对应的再结晶深度为 64μm。

根据国内外相关的技术资料以及对 DZ4 合金再结晶对性能的影响研究结果，可以认为，目前航空发动机涡轮叶片如存在 45μm 以上的表面再结晶，是不应当装机使用的。

（6）根据第 5 章的研究结果，厚度约为 106μm 的再结晶层（约占横截面面积8%）使单晶 SRR99 高温合金 1000℃/195MPa 持久寿命下降了约 45%。假设圆棒直径为 2.5mm，则合金持久寿命下降 45% 时对应的再结晶深度约为 51μm。和定向凝固高温合金相比，再结晶对单晶高温合金的性能影响更为严重，因此控制标准应更为严格。

参考文献

[1] GB/T 13298—1991，金属显微组织金相检验方法.

[2] GB/T 14999.1—1994，高温合金棒材纵向低倍组织酸浸试验法.

[3] 赵伯麟. 金属物理实验方法. 北京：冶金工业出版社，1981.

[4] 卫平，李嘉荣，钟振纲. 一种镍基单晶高温合金的表面再结晶研究. 材料工程，2001，(10)：5.

[5] Bürger R，Portella P D，Preuhs J. Recrystallization in single crystals of nickel base superalloys. Superalloys 2000. Warrendale, PA: TMS, 2000: 229.

内 容 简 介

本书系统阐述了定向凝固和单晶高温合金再结晶的基本特点、影响再结晶的主要因素,重点介绍了再结晶对定向凝固和单晶高温合金性能的影响、含再结晶层定向凝固和单晶高温合金的损伤行为以及再结晶对定向凝固和单晶叶片损伤行为的影响。同时分析了定向凝固和单晶高温合金再结晶损伤的物理本质,提出了再结晶的检测方法与控制标准。

本书是国内外第一本系统介绍定向凝固和单晶高温合金再结晶的专著,适用于从事定向凝固和单晶高温合金研制、生产和应用的工程技术人员参考,也可供高等院校相关专业的师生参考。

This book systematically describes the basic characteristics and main influencing factors of the recrystallization of directionally solidified(DS) and single crystal(SC) superalloys. Emphasis is put on the damage behavior of DS and SC superalloys with recrystallied layer, the effect of recrystallization on the properties of DS and SC superalloys, and the damage behavior of DS and SC blades with recrystallied grains. This book also analyzes the physical essence of recrystallization damage on DS and SC superalloys, and puts forward testing methods and controlling standards for recrystallized grains of DS and SC blades.

As the first monograph systematically describing the recrystallization of DS and SC superalloys, this book is suitable for the engineers and technicians in the fields of development, manufacture and application of DS and SC superalloys, as well as the relevant teachers and students in colleges.